AI人工智慧的現在・未來進行式

一目了然！最新發展應用實例，
6 大核心觀念全面掌握 AI，
生活・商業・經濟・社會大革新！

野村總合研究所
古明地正俊・長谷佳明——著　林仁惠——譯

推薦序

現代人生活必備的智慧型手機當中內建行動秘書，可根據聲音指令自動執行撥打電話、查詢資料等動作；到商店購物時，透過鏡頭自動辨識來店客群屬性，即可獲得商品推薦服務與資訊；機器人理財專員提供理財需求者二十四小時的專屬服務；機場設置臉部辨識自動通關服務加速旅客對應處理效率……這些都是ＡＩ（Artificial Intelligence）技術實現於現代生活當中的一環。

對普羅大眾而言，ＡＩ不再只是二〇〇一年大導演史蒂芬・史匹柏（Steven Spielberg）所推出的知名電影中的情節而已，現在已在你我生活裡逐漸實現。

ＡＩ發展至今，已從第一階段探索推動時代、第二階段知識時代演變到第三階段機器學習的時代。現階段國際間的ＡＩ技術，主要在於透過大量數據的收集與分析，掌握即時資訊以及建立即時反應、自動對應與防患未然等對應機制，例如：透過無人機影像拍攝，分析農作物生長狀況；銀行客服中心的二十四小時語音或文字的自動對應；工廠生產線上之作業員與設備的稼動資訊即時掌握與即時異常偵測。

目前，ＡＩ應用領域已包含醫療健康、商業金融、自動駕駛車、工業製造、農林漁牧、照護社福、環境防災與生活教育等多重領域。

而根據現今ＡＩ發展大國（例如：中國、美國與日本等）對於今後ＡＩ應用發展之規劃，ＡＩ技術將會從單一領域之適用，逐步朝著跨領域之間的ＡＩ技術發展，最終達到各領域通用之ＡＩ技術與生態系。藉由ＡＩ技術發展與應用普及，將能夠大幅提升生產力，帶動更多創新發想，並且進而改善民眾生活品質。

科技發展帶動商業模式的演變，而商業模式的創新也促進新型技術的誕生。因此，ＡＩ技術如何適用在產業當中，以及各行各業如何善用ＡＩ應用提升效能，則是現今推動ＡＩ發展之關鍵要素。

ＡＩ技術開發者需要具備洞悉市場趨勢、掌握使用者需求的能力，並持續追求技術層次的提升與應用面向的多元化，以促進開發更多創新ＡＩ應用情境。ＡＩ技術應用端則需從多元以及長期的角度進行規劃與效益評估，善用單一領域和跨領域之間的大數據累積與交換，創造新形態的商業模式誕生。

ＡＩ技術的演化同時，其研發人才以及應用人才的培育也是一大要點，現今國際間對於資料科學家的人才需求不斷湧出，不論是學界或是產業界在ＡＩ相關的人才培育與資源之投入預期也將更加龐大。

台灣已有不少團隊在國際ＡＩ領域上具有亮眼成績，政府亦於二〇一七年開始推動以ＡＩ為主軸的科研戰略，期盼在各界努力之下，開闢台灣ＡＩ

創新生態圈，延續台灣資通訊產業於全球ＡＩ相關軟硬體與應用版圖的地位。

相信透過本書的介紹，讀者對於ＡＩ會有更進一步的瞭解，也希望能夠為讀者帶來耳目一新的感受，並對時下科技趨勢有更多的掌握。

台灣野村總研諮詢顧問總經理　張正武

前言

人工智慧（Artificial Intelligence）一詞，在電視新聞或報章雜誌中越來越常見。所謂的AI，就如字面之意，是指以人工方式實現人類所具有的智慧、智能的技術。近年來，由於其使用方式及運用技術日新月異，導致大眾對AI的認識和理解落差甚大。

為此，本書將自過去的AI熱潮俯瞰起，直至最近深受矚目的深度學習（deep learning）的AI研究歷程，來探究AI之所以會再度成為焦點的原因。

同時，也會列舉如亞馬遜智慧音響（Amazon Echo）或自動駕駛汽車等，善用語音辨識（speech recognition）及圖形辨識（pattern recognition）等最新技術的實例，說明ＡＩ究竟可以做到什麼？

再者，ＡＩ對於商業活動也帶來莫大的影響。有關ＡＩ對製造業、醫療及金融等各領域所造成的衝擊，本書會以最新動向為中心來介紹。

最後，也會針對二〇三〇年、二〇四五年的展望，如ＡＩ運用、其對僱傭或經濟所造成的影響，以及日本的勝算所在等來進行說明。

ＡＩ肯定能夠成為豐富我們生活的原動力，這是毋庸置疑的。只不過，若用錯了方法，也可能會對人類或社會帶來莫大損失。未來，可預見ＡＩ凌駕人類的「奇點」（singularity）勢必會到來；但在這之前，還得花上數十年的漫長時間。

筆者認為，我們目前所該做的，是善用人介面（human interface）技術等非ＡＩ技術，讓「ＡＩ與人類」的能力得以互補，建造出共生的機制。

而人類若要將ＡＩ發揮得淋漓盡致，重要的是，必須確實解決技術面及制度面的課題。尤其在制度面的議論上，不僅有許多攸關ＡＩ好壞處之衡量的問題，也得讓除了專家以外的大眾來參與討論。因此，首要之務便是讓更多人對ＡＩ的現在與未來有正確的認識。

本書會盡可能以簡明易懂的方式來敘述，讓不具有專業知識的人也可以理解。同時，也利用歐美及日本的企業參訪或學會出席，增添在當地所獲得的第一手資訊。讀者可藉由本書加深對ＡＩ的理解，而對於商務人士及身負未來的年輕人們，將成為思考今後工作及社會應有之姿的第一步。

本書的繁體版出版受到了野村總合研究所台灣據點長張正武先生與小長井教宏先生非常大的協助。透過這個場合，向兩位致謝。

二〇一七年三月

古明地正俊、長谷佳明

Chapter 02

AI也可以做到這樣的事

Chapter 03

AI所改變的社會 097

第1章

AI現在為何如此受到矚目？

01 職業圍棋棋士敗給ＡＩ

二〇一六年三月十五日，發生了一起歷史性「事件」。由谷歌（Google）旗下的DeepMind公司所開發的人工智慧（ＡＩ）圍棋程式——阿爾法圍棋（AlphaGo），與擁有世界級實力的韓國職業棋士李世乭對弈，最後以四勝一敗的戰績贏得勝利。

在西洋棋和將棋的部分，ＡＩ早已擁有可與頂尖職業好手一較高下的實力。但在手數相對多且複雜的圍棋部分，一般認為ＡＩ要達到頂尖好手的水準，還得再耗費一段時間。然而，這般預想卻被顛覆了。

此次的對弈，不僅結果出人意料，在對弈的過程中也是意外連連。甚至連職業解說員們也無法正確解釋阿爾法圍棋所下棋步的含意。對於接連下了人類職業棋士想像不到之棋步的阿爾法圍棋，解說者更曾在比賽中表示它走了壞棋。不過，隨著盤面局勢的進展，當發覺阿爾法圍棋逐漸占了上風時，解說者不禁難掩困惑之色。

歐洲地區歷年最大的投資

達成該項豐功偉業的 DeepMind 公司，是以英國為據點的新創（startup）公司。二〇一四年一月，谷歌於歐洲地區投入歷年最大筆資金的四億美元，買下該公司，納入旗下。

DeepMind 公司的創立可溯及二〇一〇年。該公司向 PayPal 共同創辦人彼得・泰爾（Peter Thiel）、特斯拉（Tesla）創辦人伊隆・馬斯克（Elon Musk）、Skype 共同創辦人詹・塔林（Jaan Tallinn）、維港投資（Horizo ns Ventures）的李嘉誠，以及ＡＩ新創公司 Sentient 共同創辦人安東・布隆德（Anton Blonde）等著名企業家或投資家籌集資金，開始公司的營運。

DeepMind 公司官網首頁刊載著這樣的企業宗旨：「解開智能難題，善用它讓世界更美好」（Solve intelligence. Use it to make the world a better place.）該公司創辦人傑米斯・哈薩比斯（Demis Hassabis）打算藉由融合機器學習（machine learning）與腦神經科學，實現在面對各類課題時能展現出與人類同等智慧的通用人工智慧（Artificial General Intelligence: ＡＧＩ）。而此次圍棋對弈的成果展現便是其中一環。

起頭在於《太空侵略者》（Space Invaders）

阿爾法圍棋所運用的數項技術，是早在阿爾法圍棋問世的一年前便已開發出來，可以學習《太空侵略者》或《打磚塊》等電玩遊戲規則的AI技術。

命名為Deep Q-Network（DQN）的該演算法，於遊戲開始之際，只會隨機移動，不消一會兒即慘遭敵手殲滅。然而，當遊戲持續進行了一小時、二小時，DQN不斷從錯誤中學習，進而學會擊敗敵手的策略。這是因為DQN跟阿爾法圍棋一樣，都具有可透過深度學習來辨識遊戲畫面的技術，以及從遊戲中學習到贏得對手的動作就是好動作的這樣增強式學習（reinforcement learning）功能。

DQN的優點並非是靠各別因應各類遊戲的程式來達成，而是靠一種學習程式來達成。雖說其通用性和自我學習能力仍遠不及人類。不過，具有這二項功能的AI技術，正是攸關傑米斯・哈薩比斯所展望的「通用人工智慧」，其重要必備技術。而DQN正好便具有這樣的技術。

ＡＩ運用的擴大

不只限於圍棋等遊戲的世界，ＡＩ的運用在現實生活中也十分廣泛。而其代表即為ＩＢＭ的「華生」（Watson）。

「華生」是一種具有透過解析人類日常所使用的自然語言，並以自身所儲存的資料為根基引導出假說的功能，以及學習功能的系統。

「華生」的問世所帶來的衝擊，並不亞於DeepMind公司的阿爾法圍棋。「華生」於二〇一一年在美國著名的益智問答節目《危險邊緣》（Jeopardy!）中，靠著包含書籍及百科全書等頁數高達二億頁的文本資料（總容量為七十GB，約相當於一百萬冊的書籍），擊敗了人類的益智問答冠軍。

以此為契機，ＩＢＭ開始朝向「華生」的商用化邁進，展開各式各樣的活動。二〇一四年十月，統籌「華生」事業的華生集團本部設立於紐約市的矽巷（Silicon Alley）地區，與之同時，命名為「Watson Client Experience Center」的分部也開設於世界五個不同的地方。

「華生」的功能是以自然語言的處理為根基，運用與人之間的對話或儲存於系統中的專業知識及業務知識，來協助人類做出決策。在日本，則推出了以金融機構為對象的專案，如瑞穗銀行和 MS&AD 保險集團（MS&AD Insurance Group）等，都引進了「華生」系統來支援客服中心的接線員。

另外，東京大學醫學科學研究所也自二〇一五年引進「華生」系統，並且做出了AI在短時間內診斷出連專科醫師也難以診斷的癌症成果。AI的進化速度遠超乎預期，應用的範疇更顯得寬廣。

而這一連串的成果也成了一股順風，如今AI正值第三次的熱潮（詳情後述）。不過，AI的進化不只帶來正面影響，隨著AI功能的提升及運用領域的擴展，擔心AI會搶走人類工作的不安也油然而生。好比說，自動駕駛汽車一旦普及化，從事計程車駕駛或卡車駕駛等運輸工作的人們，便很可能會失業。

因此，本書將為大家解開ＡＩ是否為可行技術的疑惑，並針對ＡＩ今後將會如何影響我們的生活、商業和社會的課題進行考察。

02 第三次ＡＩ熱潮的到來

什麼是ＡＩ？

所謂的人工智慧如其字面意思，乃是指以人工方式來實現人類所具有之智慧、智能的技術。目前，能夠實現與人類智能同等之機制的技術並不存在。因為在這世上，DeepMind公司傑米斯・哈薩比斯想要實現的「通用人工智慧」至今仍不存在。

為此，IBM並不稱「華生」為AI，而是稱之為認知運算（cognitive computing）。再者，除了認知運算的稱呼外，就實現智慧功能的系統總稱而言，也有智能設備（smart machine）及IA（intelligent application）等說法，只是這些用語均尚未普及。

若從人工智慧原本的含意來看，或許「通用人工智慧」應當與其他的人工智慧技術做區隔。不過，近年來，以往單純只是自動化或僅限於大數據（big data）分析的技術，趁著AI熱潮之便，將其產品或服務冠上「AI」之名的情形卻越來越常見。

當然，這些產品和服務大多數都是運用機器學習等技術，並非與AI全然毫無瓜葛。雖然不具有通用性，但針對如自動駕駛或下圍棋等特定目的，卻得以發揮出同等人類，甚至超乎人類的智能。因此，這些針對特定目的做研發的ＡＩ被稱為「狹義人工智慧」（Narrow AI）。而多數的「狹義人工智慧」都是運用如深度學習等，實現「通用人工智慧」不可或缺的元件技術。

然而，實現「通用人工智慧」不可或缺的元件技術會跟著時代改變，以至於ＡＩ的實況也跟著時代改變。所以，為了深入探討ＡＩ的本質，我們得先對ＡＩ的發展史有所瞭解。

機器學習帶動第三次的熱潮

ＡＩ過去曾有過兩次的熱潮。

第一次熱潮是ＡＩ這詞彙誕生於世的一九五〇年至一九六〇年。運用推理、探索的技術，期望能表現出與人類等同的智能。雖說，當時的成果已能解開拼圖或簡單的遊戲，卻幾乎沒有研發出實用之物。

第二次的熱潮是在一九八〇年代。這時期所進行的研究，是藉由灌輸專家知識作為規則，協助解決問題的「專家系統」（expert system）。縱使有商業應用的實例，應用範疇卻很有限，熱潮也就此逐漸消退。因為，人類要教導ＡＩ規則比想像中還來得困難。

至於成為現今第三次熱潮的原動力的，則是先進機器學習的實用化。所謂的機器學習，是指讓電腦學習大量資料，如人類一樣可以辨識聲音和影像，或是做出最適當判斷的技術。

這想法本身並不算創新，其原型早在一九六〇年代便已問世。只不過，要達到實用等級得耗費一段時間。

這也是因為機器學習需要大量的學習資料，以及學習過程中也需要龐大的計算資源（computational resource）。到了二〇〇〇年代後期，大數據基礎總算得以達實用層級的成本建構而成。如此一來，大量的學習資料終於可以輕鬆取得。

這項帶動第三次AI熱潮的機器學習技術，具有各式各樣的手法。其中最受矚目的，便是「深度學習」。所謂的深度學習，是運用模仿人腦的「類神經網路」（neural network）來學習大量資料的手法。「類神經網路」這個想法本身從以前就有，而現在成為主流的深度學習，則是於二〇〇六年問世。

03 「深度學習」是關鍵

「超越」人類的影像辨識

影像辨識在深度學習的應用領域中，目前可說是最受矚目的一塊。

而讓它成為焦點的契機，便是於二〇一二年所開辦的影像辨識競賽——「ILSVRC」（ImageNET Large Scale Visual Recognition Challenge）。在該競賽中，多倫多大學的傑弗里．辛頓（Geoffrey Hinton）教授運用深度學習，將錯誤率控制在十六％。由於跟以往的手法相比，有超過十％的大幅落差，因而一舉奪冠。

精準度的提升在那之後也持續有進展，到了二〇一五年的同個競賽活動，錯誤率甚至已降至五％以下。對於 ILSVRC 所指派的任務，人類的錯誤率為五．一％，而若是像靜止影像的影像分類這種單純的任務，深度學習可說是已經實現了超越人類的辨識率。

近年來，研發的重點不再是有關這類簡單任務的達成，而是針對使用像素等級分離物體領域的切割（segmentation）技術或動態影像處理的部分進行研發。

擴大運用的深度學習

尤其是進入二〇一〇年代以來，如谷歌、微軟及臉書等美國著名ＩＴ企業，全都開始著手進行深度學習的研究，並相繼做出成果。例如，蘋果虛擬代理人（virtual agent）「Siri」所具備的語音辨識，微軟搜尋引擎「Bing」所具備的影像搜尋等，都是屬於這方面的研究成果。另外，谷歌運用深度學習的專案也早已超過一千五百項了。

如此這般，技術水準已提升的語音辨識和影像辨識，商業用途也不斷增加。好比說，除了方才所提到的蘋果的「Siri」外，又如美國亞馬遜可聲控的喇叭端子「亞馬遜智慧音響」等，更是擴大了在消費者領域上的應用。

由於語音辨識技術讓人類與ＩＴ系統之間的介面變得更為自然，因此促使ＩＴ應用機會的增加是指日可待。

至於運用深度學習的影像辨識，如製造業界等對其技術的期待也逐漸高漲。就連在日本，來自機器人廠商或汽車廠商的投資也極為踴躍。

應用實例也越來越廣泛，像是成為實現汽車自動駕駛的最重要技術，這可說是毫無疑問的。除此之外，在購物網站部分，透過影像來搜尋產品的運用也是可預想得到的。而醫療領域方面，透過影像來協助疾病的診斷，勢必將成為最有力的應用程式。

至於製造業方面，除了汽車外，也開始應用到工廠的產品分類或品質檢查等部分。另外，提供這些服務的新創公司也不斷增加，成為當紅領域。

舊式AI的瓶頸在於需要大量人手

為何深度學習會如此受到矚目呢？若相較起目前所運用的AI元件技術的應用領域及開發、應用成本，就會知道原因。

好比說，於一九八〇年代成為熱潮的以規則為本（rule based）的AI，其應用範疇十分有限。原因就在於啟動AI所需的規則難以建立。所以，到了現在，難以應用機器學習的交談式系統（interactive system）搜尋引擎，僅運用於有限的領域。

相對於此，成為現今AI技術核心的機器學習，應用範疇更廣於以規則為本的AI。如垃圾信件的分類，或是購物網站中預測顧客需求給予建議的推薦（recommendation）等，都是大家所熟悉的應用實例。

不過，在「舊式」機器學習的部分，為了鎖定用來執行分類及預測任務的

「特徵」，其所花費的程序和成本乃是一大課題。

若是人類，用不著刻意自覺，便能找出辨識所需的特徵。例如，若要分辨紅蘋果與青蘋果，就會知道顏色資訊是一大特徵。然而，不具有深度學習的「舊式」機器學習技術，無法自行抽取出這項可用來辨識的特徵。因此，人類必須事先下達指示，教導它以顏色資訊作為辨識的特徵。

要經由人工的這一點，在製作辨識複雜對象的系統後便會成為障礙。例如，人臉辨識，事先必須教導ＡＩ的，不是只有「眼睛」或「嘴巴」形狀那樣低程度的特徵，還要運用「眼與口的位置關連」這類高程度的特徵。而且，於複雜任務教導適當的特徵這件事本身變得困難，機器學習的性能到了極限。為要提升性能，開發‧運用成本也會變高。

而深度學習正能克服這類舊式機器學習所遭遇到的課題。就深度學習而言，ＡＩ會自動從龐大資料中抽取出執行任務所需的特徵。換言之，人類無須指示應當留意的特徵，只要提供大量的資料即可。AI會在資料學習的過程中自行找出特徵。

像這樣會從資料中學習特徵的機制，被稱為「特徵學習」（feature learning），而認為特徵學習必定能突破舊式機器學習所遭遇到的瓶頸的期待，也逐漸高漲。

模仿大腦神經迴路構造

那麼，我們接著就用辨識手寫文字的例子，來認識深度學習的基本機制吧（**圖表1-1**）。

深度學習為了學習大量資料，採用了模仿（模型化）人腦神經迴路構造的資訊處理機制「類神經網路」。圖表中的類神經網路，是由「輸入層」（inp

圖表 1-1　深度學習的動作

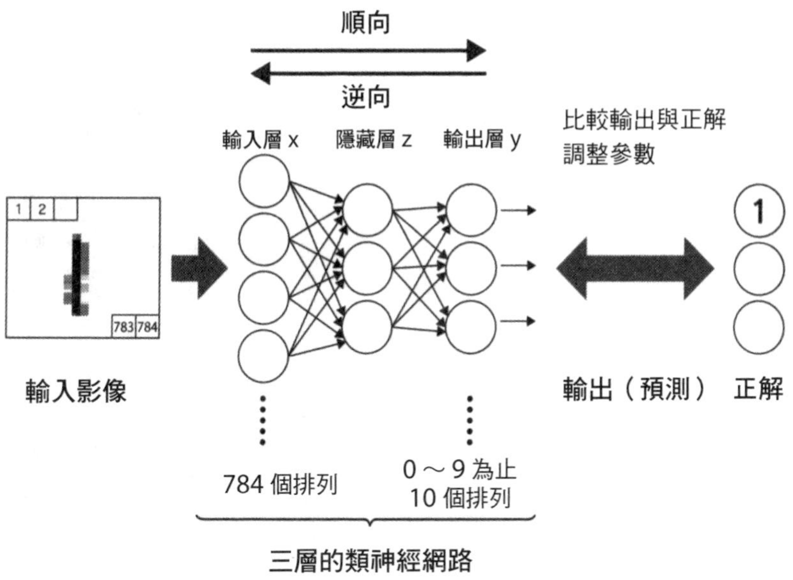

（出處）野村總合研究所

ut layer）、「隱藏層」（hidden layer）及「輸出層」（output layer）等三層所構成。另外，學習資料則是由作為輸入資料的手寫數字影像資料，以及正確解答資料組成一套。

為了讓AI學習這項類神經網路的模型，首先，必須將學習資料分割成像素單位，然後將各像素值輸進輸入層。如圖表，便輸入了縱28×橫28的784像素資料。

接收了資料的輸入層，將像素值乘上「權重」後，便傳送給後方隱藏層的神經元（neuron）。

同樣地，隱藏層的各個神經元會累加從各輸入層所接收到的「與權重相乘的值」，並將其結果再乘上「權重」後，傳送給後方的神經元。由於圖表的模型是三層網路，隱藏層後方的神經元即為輸出層，經由輸出層神經元的輸出，便可得到文字辨識的預測結果。

運用深度學習的學習，為了讓輸出層的值與各個輸入資料所對應的正解資料相等，會對各個神經元的輸入計算出適當的「權重」值。這個「權重」的計算，一般而言，都是使用將與正解資料之間的誤差從輸出層逆向搬運，藉此來提高學習精確度的「誤差倒傳遞演算法」（Error Back Propagation）。

深度學習面對為數眾多的學習資料，會計算其「權重」值。無論輸入的是哪種資料，都會進行「權重」值的調整，縮小輸出層的值與正解資料的值之間的誤差，建立出完成學習的模型。

阿爾法圍棋是如何獲得勝利的？

那麼，如深度學習等的AI具體上是如何應用的呢？在此，以阿爾法圍棋為例來說明。DeepMind公司運用以下三項功能，開發出了阿爾法圍棋。

①下一步棋的預測

第一項功能是學習頂尖棋士過去的棋步並進行預測。具體而言，是從線上圍棋網站KGS，學習六段至九段的對弈紀錄，共二千九百四十萬步的棋步。這項學習是利用深度學習，將圍棋盤面當作影像加以辨識，讓阿爾法圍棋學習下出與過去對戰結果相同的棋步。結果，它以五十五．四％的精確度，得以下出與人類頂尖棋士相同的棋步。以往，接受同樣學習的系統最高準確度為四十四．四％，所以說，這項學習的完成，有了一〇％的改善。藉由深度學習，阿爾法圍棋能以高或然率預測出頂尖棋士的下一步棋。

②至最終局面為止的預測

第二項功能是高速預測從某局面開始直到最終局面為止的棋步。這項功能藉由從以前就有的人工智慧技術——機器學習加以實現。方才藉由深度學習達成的預測，雖然可以正確預測出頂尖棋士的棋步，但卻很耗時。反觀這項預測功能，精確度雖然低，卻能以一千倍以上的高速預測出棋步。

③勝率的預測

第三項功能是正確預測出某局面的勝率。為了獲得這項功能，必須讓系統與已經能夠下出頂尖棋士棋步的系統對弈，透過增強式學習法來進行學習。所謂的增強式學習，是讓系統學習判斷獲勝時的棋步為好棋並加分，落敗時的棋步為壞棋並扣分。

為了獲得能夠正確預測出勝率的功能，必須從某一局面開始下透過增強式學習所學會的棋步，直到最終局面並分出勝負。這時，會先讓系統辨識剛剛的局面影像，然後利用深度學習建立起能夠預測與透過增強式學習所得到的勝敗結果相同的評價函數。

而實際對弈時，上述三項功能是這麼應用的——首先，從頂尖棋士的棋步中選出評價高的棋步，如此反覆操作，開始搜尋棋步。當找不出評價高的棋步後，便會運用能夠高速預測從某局面直到最終局面之棋步的功能，一直對弈到最終局面，計算出勝率。

同時，也會運用能夠正確預測出該局面勝率的功能，透過這兩種預測勝率方式的組合來評價盤面，挑選下一步棋。再者，藉由並進實施這項搜尋處理，便能於有限的時間內選出更為適當的一步棋。

為了開發阿爾法圍棋所運用的這三項功能，在精確度及計算速度方面，各有各的特徵。阿爾法圍棋利用組合這三項功能的搜尋演算法，獲得超越世界頂尖職業棋士的大局觀，順利拿下勝利。

經過這次的對弈，對於現在的ＡＩ，我們可以瞭解到幾件事。如先前一再說明的，阿爾法圍棋並非僅靠深度學習開發出來的，而是多方運用了如從以前就有的機器學習，以及第一次熱潮所研發的搜索技術增強版等多項技術建構而成。

再者，阿爾法圍棋堪稱是目前最高水準的ＡＩ，甚至具有超越職業棋士的大局觀。不過，其實現方式仍舊不同於人類的智能系統。當然，它並不具有如人類般的意識或意志。若要實現真正的ＡＩ，還有許多技術尚待研發。

04 深度學習是如何開發出來的？

那麼，帶動第三次ＡＩ熱潮的深度學習是如何誕生的呢？深度學習是藉由嶄新的技術手法、龐大的計算資源，以及大數據這三項要素的整合研發而成。接下來，筆者將向大家說明這三項要素得以成功運用的歷程。

深度學習的誕生

模仿人腦構造的ＡＩ研究，源自一九四〇年代。其中，一九五七年，美國心理學家法蘭克・羅森布拉特（Frank Rosenblatt）發明的感知器（perceptron），是僅由輸入層和輸出層所建構而成的簡易類神經網路；由於可做到學習及預測而深受矚目。但到了一九六九年，人工智慧學家馬文・閔斯基（Marvin Lee Minsky）指出，簡易類神經網路僅能做到線性可分（linear separability）的學習，結果導致研究漸趨式微。

所謂線性可分，是指欲將存在平面上的數個群體分類之際，僅能應用於可以一條直線作為分界線的群體分類。因此，這也證實了，若遇到平面對角線上相對領域內有同一群體的情況，或是得靠曲線分離的複雜分布，簡易感知器都無法使用。

有關這個問題，後來是藉由在僅有輸入層和輸出層的感知器之間追加了新的隱藏層而獲得解決。接著，到了一九八六年，美國心理學家大衛．魯梅哈特（David Everett Rumelhart）發現了可高速學習具有隱藏層之類神經網路的「誤差倒傳遞演算法」，讓類神經網路的研究再度成為熱潮。

不過，由於多層類神經網路學習準確度的提升遲遲沒有進展，以致類神經網路的研究又漸趨式微。後來，直到二〇〇六年，總算研發出了現代深度學習技術的原型，但中間這段路程絕非稱得上是平坦好走之路。

身為現代深度學習技術中心人物的辛頓教授，先後任教於英國劍橋大學及美國卡內基美隆大學後，於一九八七年轉任加拿大多倫多大學。辛頓教授之所以會轉任多倫多大學，其中一個原因是來自加拿大高等研究院（CIFAR）的援助。

然而，自一九九〇年代前期起，類神經網路領域的研究受到越發嚴厲的責難，到了一九九〇年代中期，甚至連 CIFAR 也停止援助。

當時，有關類神經網路的研究，不僅論文難以在學會發表，要招攬優秀學生進入研究室也是難上加難。多數研究者之所以會對類神經網路的研究抱持否定態度，起因在於類神經網路之間進行傳遞的權重值難以最佳化。藉由增加類神經網路的層數，雖然可望提升學習準確度，但伴隨層數增加，應當設定的參數也變多，導致難以計算出最佳數值。

再加上，機器學習方面，於一九九〇年代前期，名為支持向量機（support vector machine）的機器學習方法有了顯著的改善，即便面對線性不可分的問題也能發揮優異性能。因此，這對類神經網路的研究者們也相當不利。

這般狀況從二〇〇四年開始產生變化。CIFAR 重新支援多倫多大學辛頓教授們的研究。雖說一年四十萬加幣的援助並非大數目，但正因為有了這項援助，由蒙特婁大學約書亞・本吉奧（Yoshua Bengio）教授、紐約大學揚・勒丘恩（Yann LeCun）教授，以及史丹佛大學吳恩達（Andrew Ng）教授等人所組成，以現代深度學習技術為基礎的專案團隊研究，才得以有顯著的進展。

接受CIFAR援助二年後的二〇〇六年，辛頓教授們的專案開發出了名為自編碼器（autoencoder）的手法。

自編碼器是指，在類神經網路的輸入層和輸出層使用相同資料，並將隱藏層設置於二者之間，藉此用來調整類神經網路之間的權重參數的一種手法。隱藏層是由數量少於輸入層和輸出層的人工神經元所組成。因此就算資訊在隱藏層一度被壓縮，只要有辦法設定類神經網路內部的參數，讓與輸入層相同的資訊傳遞到輸出層，這個類神經網路便能準確掌握到輸入資料的特徵。這也意味著，以往的機器學習法必須靠人類抽取出特徵的作業，類神經網路自身已經能夠辦到了。

自編碼器可說是類神經網路實現手法的一大突破。利用以自編碼器所獲得的類神經網路權重參數值進行初始化後，便能應用「誤差倒傳遞演算法」，提高多層類神經網路的學習準確度。

加快深度學習處理速度的GPU

對於今日深度學習技術的實現而言，圖形處理器（Graphics Processing Unit，縮寫為GPU）堪稱是不可或缺的存在。所謂GPU，原本是為了加快電腦影像顯示速度的運算裝置。由於其數值運算的高性能，近年來，除了深度學習外，也被應用在超級電腦（supercomputer）上。

如深度學習等機器學習領域的GPU應用，是從二〇〇〇年代前期開始進行研究。然而，當時可利用GPU的軟體開發環境尚未整備完成，而且

GPU 也無法支援科學計算中一般所用的雙精度浮點數（double-precision floating-point）的運算。因此，GPU 在機器學習領域的應用十分有限。

到了二〇〇〇年代後期，打算將具有高度運算性能的 GPU 應用到影像顯示之外的領域的行動越來越活絡。可讓 GPU 運用於通用計算的技術被稱為圖形處理器通用計算（General-Purpose computing on Graphics Processing Units，縮寫為 GPGPU），也越來越受到研究者們的認同。當時，開發 GPU 的主要供應商有：於二〇〇六年收購 AMD 的治天科技（ATI Technologies），以及輝達（Nvidia）這兩間公司。其中，輝達傾力於開發環境的整備，於二〇〇七年開始提供名為統一計算架構（Compute Unified Device Architecture，縮寫為 CUDA），以 GPU 為對象的開發環境。

在超級電腦的領域，二〇〇八年，由東京工業大學所開發的，以 GPU 為基礎的超級電腦「TSUBAME 1.2」，首次登上世界五百大排行榜的前幾名。另外，在AI研究的領域，應用大規模GPU系統的深度學習也從這時期開始進行研究。

二〇一二年，谷歌人工智慧部門的谷歌大腦（Google Brain）與史丹佛大學合作，準備了一千萬張從上傳至YouTube的影片中隨機抽出的影像，用來執行深度學習。經過三天的學習，完成了會對人臉、貓臉及人體影像有所反應的人工神經元。該結果被一般媒體爭相報導，以「谷歌的貓」之名，以及為宣傳深度學習有效性的實驗結果廣為人知。

這項學習，利用了谷歌所持有的伺服器；而該項系統規模也十分龐大，總共利用了多達一千部各別搭載了二個八核心CPU的伺服器。附帶一提，該系統的價格約為五百萬美元，尖峰時刻的耗電量更是高達六百千瓦。

能夠利用如此大規模系統的研究者很有限。所以，於二〇一三年，輝達公司的布萊恩・卡坦札羅（Bryan Catanzaro）與史丹佛大學的吳恩達教授團隊，共同進行了以GPU來建構具有同等計算能力之系統的實驗。其結果，可知僅有三部GPU伺服器獲得同等的性能。這項實驗中所用的GPU伺服器，各搭載了二張裝有二個GPU的卡；整個系統則總共使用了十二座GPU。這項系統的整體性能不僅超越了谷歌大腦的系統，在價格及耗電量上也成功縮減至百分之一以下。

GPU得以應用在深度學習的結果，使計算時間的縮短化為可能，進而讓大型類神經網路得以在適當時間內完成學習。

大數據成就了機器學習

要實現以機器學習為基礎的現代AI，大數據是不可或缺的要素。

有關大數據一詞的定義並非十分明確，在此筆者將仿照《Big Data 大數據的獲利模式》（經濟新潮社出版）中的敘述作為定義：「所謂的大數據，是指一種包含了在3V（Volume/Variety/Velocity）方面管理有困難的資料，用來儲存、處理及分析這些資料的技術，以及負責分析這些資料，從中找出有用含意或洞見的人才和組織在內的概念。」

而3V則是大數據資料所具有的特徵。Volume是指資料量的龐大；Variety是指資料類型的多樣性；Velocity是指資料產生或更新的快速。另外，用來儲存、處理及分析這些資料的技術，是指分析處理大規模資料的框架「Hadoop」、擴充性優異的NoSQL資料庫、機器學習，以及統計分析（statistical analysis）等。至於負責分析這些資料，從中找出有用含意或洞見的人才和組織，則是指目前在歐美十分搶手的「資料科學家」（data scientist），以及能有效運用大數據的組織等。

機器學習有數種類型，其中，深度學習在物體辨識上用得最好的，則是名為監督式學習（supervised learning）的類型。在監督式學習中，對於期望做辨識的影像資料和作為訓練資料（training data）的各影像，必須附上正解的標籤。再者，為了提升監督式學習的辨識率，附有這項標籤的資料量也得夠龐大。

到了今日，存在社會網路（social network）中的大量影像及文本等多樣性資料，已經可以很容易取得。而機器學習便是以大數據的存在為前提，才得以成立的一種技術。

ImageNet 專案

接下來，我們將要來探討大數據的存在對於現在的深度學習熱潮，究竟有哪些具體的貢獻？

於史丹佛大學率領電腦視覺研究室的李飛飛教授，便是運用大數據來提升機器學習準確度，推動先驅研究的研究者之一。

現今，大數據在機器學習上的應用已是理所當然的作法。然而，在李飛飛開始進行ImageNet機器學習用之學習資料建構專案的二〇〇七年，這還是相當稀奇的研究。她在由學術、娛樂及設計等各類領域關鍵人物進行簡報的TED（Technology Entertainment Design）大會上所發表的演說，不僅沒募集到研究資金，同僚甚至還建議她說：「考量到將來，最好還是做些比較有用的事吧。」此外，遽聞她為了籌集ImageNet專案的資金，也曾開玩笑地告訴學生：「看來我又要重操學生時代經營洗衣店的舊業了。」

ImageNet專案的研究是從網路下載近十億張的影像，然後運用名為亞馬遜土耳其機器人（Amazon Mechanical Turk）的群眾外包（crowdsourcing）服務，集結全球一百六十七國近五萬人的作業員來協助貼標籤。最後，Image

Net 專案於二〇〇九年，完成了將一千四百二十萬張影像分類成二萬二千項類型的資料庫。

接著，ImageNet 專案自二〇一〇年起，便使用如此建構而成，附有標籤的影像資料庫舉辦競賽；而這項競賽就是先前曾介紹過，向世界展示深度學習性能的 ILSVRC 競賽。話說專案剛啟動的當下，幾乎無法獲得周遭人們的理解。不過，在與約自二〇〇六年起開始有所進展的深度學習研究相結合後，到了二〇一二年，對 AI 全新風貌的問世則有極大的貢獻。

二〇一二年以後，許多對深度學習的誕生有所貢獻的主要研究者們，紛紛進入如谷歌等的網路企業。

例如，加拿大多倫多大學的傑弗里・辛頓教授進入谷歌、美國紐約大學的揚・勒丘恩教授進入臉書、史丹佛大學的吳恩達教授進入中國搜尋引擎巨擘的百度，又如同為史丹佛大學的李飛飛教授則進入谷歌。像這樣，即便可分配的時間勢必會減少，但大多數的研究者依舊沒放棄原本在大學的工作。

這群靠著微薄的資金和不屈不撓的精神，專注於深度學習研究的研究者們，之所以願意進入擁有大型運算基礎環境及大數據的網路企業，這或許是因為現在的ＡＩ研究環境在這數年間已有了顯著的進化。

第2章

AI也可以做到這樣的事

01 三個應用領域——成熟度有所落差

AI的應用領域主要可分成語音辨識、影像辨識以及自然語言處理等三部分。於第三次AI熱潮中，深度學習同為各領域的研究帶來極大的衝擊，但在成熟度方面則各有不同。野村總合研究所在要檢測成熟度的時候，用以下三種等級來整理。

- 實用等級……商業服務化
- 研究等級……進行示範實驗（demonstration experiment）
- 基礎研究等級……演算法、手法僅止於研究階段有關語音辨識的部分，在語音辨識標準競賽 CHiME（CHiME Speech Separation and Recognition Challenge）中，早已有了同等人類的辨識率。所謂的 CHiME，是針對實際生活環境下的語音辨識，進行評測的國際語音辨識競賽。如吵雜街頭的語音辨識等，每年都會設定各種不同的題目，舉辦競賽。至二〇一六年為止，已舉辦過四次競賽，參加者為來自世界各地國際研究機構或大學院校的研究者們。二〇一五年所舉辦的第三屆競賽，由日本 NTT 研究團隊拿下優勝。雖說語音辨識仍透過 CHiME 持續進行研究，但早已有了同等人類的辨識準確度，而蘋果、谷歌及亞馬遜等也相繼提供可應用於日常生活的服務，因此判定其成熟度已達到實用等級。

至於影像辨識，在第一章也曾介紹過的影像辨識競賽 ILSVRC 中，一般物體的辨識雖說已有同等人類的辨識率，但動態影像的辨識準確度仍不及人類，還在進行各種演算法的測試。尤其，在自動駕駛技術開發的運用，更是推動了影像辨識領域整體的研究，目前技術的開發已十分接近實用化。因此，成熟度可說是介於研究等級和實用等及之間。

而有關自然語言處理的部分，則完全不同於語音辨識和影像辨識。市售的汽車導航系統雖然可以透過與人的對話來設定目的地等，但運用場景卻很有限。現階段只能事先預設對話規則，再透過人工輸入來建立系統。換言之，系統無法理解與人之間的對話，得靠人類來撰寫對話腳本。另外，自然語言處理也多了如翻譯作業等，於特定作業的運用。不過，要做到接待服務，與人進行一般對話仍有困難，目前還在持續進行研究，致力於新演算法的設計。如此這般，自然語言處理在不同作業上的應用，即便成熟度有極大的落差，但大多數還是停留在基礎研究等級。

本章將按各應用領域現在的成熟度，透過具體實例的列舉，各別向大家說明ＡＩ目前所能做到的事。

02 Siri 的問世讓語音辨識普及化

語音辨識的研究已相當久遠，早在一九七〇年代便已經開始進行研究，即使說它與電腦的歷史同等也不為過。然而，長久以來卻遲遲難以正式普及化。直到二〇一一年蘋果 iPhone 所搭載的語音代理人 Siri 問世，情況才有所轉變。Siri 可透過語音跟使用者對話、聊天，或是記錄筆記。Siri 被世人視為可讓人感受到「未來」的服務，同時也是民眾購買 iPhone 的原因之一。

Siri 誕生內幕

在此將談及 Siri 誕生的過程。其實 Siri 並非蘋果所開發的系統，而是由與蘋果毫無相關，名為 Siri, inc. 的公司開發而成的。

起初，Siri 原是於二〇一〇年二月在蘋果應用程式發布網站 App Store 上所發表的一款語音助理應用程式。作為個人專用的祕書，可以查詢自己喜歡的餐廳或是天氣等資訊。Siri 開始提供服務後沒多久，隨即吸引住蘋果執行長史帝夫・賈伯斯的目光，僅於二個月後的二〇一〇年四月，便發表了 Siri, inc. 被蘋果收購的消息。Siri, inc. 創辦人亞當・切耶（Adam Cheyer）後來也在演說中表示，當 Siri 在 App Store 上發表二週後，賈伯斯便邀請他到家裡作客。由此可見，Siri 的服務和功能對賈伯斯而言，可說相當具有吸引力，無論如何都想得手。

那麼，Siri, inc. 又是如何獲得這項深受蘋果認同的技術呢？作為技術後盾的，正是美國史丹佛大學於一九四六年所設立的非營利科學研究機構——史丹佛研究所（SRI，Stanford Research Institute），後來歷經更名的史丹佛國際研究所（SRI International）。Siri, inc. 於二〇〇七年十二月，亦即 iPhone 問世的那一年脫離 SRI 獨立。然而，Siri 的基礎技術，則是源自美國國防高級研究計畫局（DARPA，Defense Advanced Research Projects Agency）從四年前，即二〇〇三年就開始投入高達一億五千萬美元巨額資金的專案。該專案是在研發名為會學習及組織的認知助理（CALO，Cognitive Assistant that Learns and Organizes）的 AI，有超過六十間大學和研究機構參與其中，以虛擬代理人技術的開發為主要工作。

所謂的虛擬代理人，是指可以跟人類對話互動，又如祕書般能夠協助行程管理或答覆問題的支援軟體。換言之，就是現在的 Siri 概念。這項概念與蘋果之間有段坎坷的命運。一九八七年，蘋果執行長約翰．史卡利（John Sculley）曾在 Keynote「知識領航員影片」（The Knowledge Navigator Video）中談及與 Siri 相仿的概念。不僅如此，又如同在預言它的問世般，影片中月曆所顯示的日期，恰巧就是蘋果於二〇一一年十二月公開發表結合了Siri的作業系統的前二週。

Siri的價值在於擴充至「助理」功能的這一點

Siri可說是虛擬代理人的一種，屬於能夠透過與人的對話傳達資訊，或使用語音來操作智慧型手機的問答系統（question answering system）。只要持有iPhone，便能使用語音記筆記或傳送電子郵件。由於電視廣告中有頻繁使用Siri的畫面出現，因此，許多人開始注意到藉由跟智慧型手機（機器）對話來獲得資訊的樂趣。

Siri的服務是採取一問一答的形式，其架構是由將對方所發出的聲音轉換成文本（text）的語音辨識、從文本推測對方目的的語意理解、製作出符合語意之文本的解答產生，以及再次將文本轉換成聲音的語音合成所組合而成的。

因為 Siri 屬於雲端服務（cloud service），所以大前提是必須連上網路。發展成雲端運算後，用來改善語音辨識所需的聲音檔，便能輕易從 Siri 使用者身上取得。因此，Siri 語音辨識的準確度相較起剛開始提供服務的初期，已明顯改善很多。蘋果更於二〇一五年的年度研討會上宣布，語音辨識的詞錯率（word error rate）已達五％。雖說二〇一五年之前的資料並未公開，但同樣在語音辨識服務這塊領域相互競爭的谷歌，於二〇一三年所發表的詞錯率則為二十三％。若相較二者的數據，不難看出語音辨識的準確度在短短幾年內便有了戲劇性提升。

Siri 的功能並不僅止於將語音辨識的結果轉換成文本。Siri 藉由與智慧型手機作業系統的結合，讓傳送電子郵件的「作業」，得以透過自然語言處理來完成。好比說，出差時為了避免睡過頭，就可以透過與 Siri 的對話完成鬧鐘的設定。換言之，與其說 Siri 單純只是取代了鍵盤，不如說 Siri 儼然已成了能夠遵照語音所下達的指示執行作業的「助理」。不過，Siri 能執行的作業還是有限，只能執行有事先設定好腳本的作業。儘管如此，Siri 的價值，已不再限於可使用語音進行搜尋或傳送電子郵件等這類小事，而是在於讓原本只屬於特定人士的語音辨識技術和自然語言處理技術普及化，普遍擴展了使生活豐富的可能性。

亞馬遜智慧音響的問世——語音業務的擴大

二〇一五年六月，亞馬遜在美國推出新家庭用裝置——縱式揚聲器的亞馬遜智慧音響。該音響可以聆聽從同公司服務網站所下載的音樂，也可以再次購買以前曾買過的產品，甚至還具有可以收聽氣象及股票的簡易功能。亞馬遜智慧音響看似與同樣使用語音辨識服務的 Siri 十分相似，但實際使用後，與其說它像智慧型手機等裝置，不如說它比較像機器人，給人一種實體感。

亞馬遜智慧音響之所以會讓人覺得像機器人，最大的因素在於遠端語音辨識。以往的語音辨識，若不是得將專用麥克風貼近嘴邊，就是得待在距離麥克風不超過一公尺的範圍內，不然就會有辨識困難的問題。再者，說話若沒有對著麥克風，也會有無法正確辨識的問題。不過，亞馬遜智慧音響所搭載的語音辨識功能，即便相隔數公尺之遠，也能正確辨識。由於電源開關也可透過語音來控制，房屋隔間若是屬於客廳和廚房相連的類型，那麼就算在廚房做菜，也可以收聽置於客廳的音響所播放的新聞或料理步驟。這種感覺很像是在一樓準備晚餐的媽媽，叫喚待在二樓的孩子快下來，再十分鐘就可以吃飯，而孩子也回話說：「我知道了」的情境。

而且，亞馬遜智慧音響所發出的聲音相當真實，如同科幻電影中由全像投影（hologram）所呈現出的角色在說話一般。藉由遠端語音辨識和逼真音色，讓亞馬遜智慧音響成功擬人化成沒有身軀的機器人，營造出彷彿有人待在那裡的存在感。

至於作為音響核心的語音辨識引擎，以及自然語言處理引擎，則是名為 Alexa 的亞馬遜語音服務系統。亞馬遜不僅釋出開發該語音服務所需的技術套件，更積極鼓勵其他公司參與運用 Alexa 語音服務的技術研發。他們也允許其他電機廠商開發搭載 Alexa 語音服務的裝置，並於二〇一七年發表多項如內建 Alexa 的冰箱等電器產品相關計畫。於是，自 Siri 開始普及化的語音應用，隨著亞馬遜智慧音響及 Alexa 的問世，而有了突破性發展的可能。

03 影像辨識的進展源自自動駕駛技術

谷歌無人車——極可能實現的自動駕駛

二〇〇七年，一項突如其來的發表轟動了整個汽車業界。因為身為網路企業的谷歌公布了其所開發的自動駕駛技術。谷歌所開發的自動駕駛技術，與以往的開發方式大相逕庭。他們不使用以往技術必備的智慧型運輸系統（ITS，Intelligent Transport Systems），而是採用了以谷歌地圖所累積的資料繪製而成的高精度地圖（high-precision map）、運用名為光學雷達（LiDar）之紅外線雷射掃描儀的定位技術，以及用來推測汽車位置的機率機器人（probabilistic robotics）論。所謂高精度地圖，是指具有以公分為單位的準確度，甚至能夠從複數車道中判定該走哪條車道的地圖。谷歌自二〇〇五年起，便開始提供谷歌地圖服務，並持續蒐集了龐大資料。若由此來看，即便他們擁有高精度地圖也無可置疑。

另一方面，用來在高精度地圖上推測汽車位置的機率機器人論，谷歌無人車開發者塞巴斯欽．特倫（Sebastian Thrun）堪稱為研究的第一人，其研究於二〇〇〇年有了急遽的進展。他透過公式來推測實際行駛車輛與 GPS 等儀器或車道之間的差距，藉此掌握自己的位置。換言之，就是一面行駛，一面從事先預備好的高精度地圖上來推測自己的所在位置。

塞巴斯欽．特倫原為美國史丹佛大學教授。二〇〇五年，在 DARPA 所舉辦的無人車橫越沙漠挑戰賽「DARPA Grand Challenge」中，他所領軍的團隊成功獲得優勝。當時拿下優勝的無人車名為「史坦利」（Stanley），它在挑戰賽中的表現由特倫整理成論文，車子則納入美國史密森尼博物館（Smi thsonian Institution）館藏，作為光輝歷史的一頁，受到妥善保存。

由於 Grand Challenge 是在沙漠競賽，因此沒有設想行人或信號燈的存在，評分關鍵僅有必須全程完賽、不可觸碰到前行車輛及並行車輛，以及必須避開沙漠中如岩石等障礙物等數項。這些條件看似容易，但二〇〇四年在相同條件下所舉辦的競賽，卻沒有一輛車抵達終點，而全程二百四十公里的賽道，最遠也只跑了十二公里。所以說，由此更可看出「史坦利」所創下的業績是有多麼卓越偉大了。

DARPA 所舉辦的挑戰賽，之後又更上層樓。二〇〇七年的「DARPA Urban Challenge」，賽道是設定在市區，競賽內容也更貼近未來應用的實際狀況，如十字路口通行、停車等。這次在挑戰賽中獲得優勝的，是通用汽車（GM，General Motors）與卡內基美隆大學合作的團隊，而第二名則是特倫的團隊。特倫之後便離開史丹佛大學，進入谷歌服務，領導谷歌無人車的研發，讓自動駕駛汽車的開發更向前邁進一步。

採用深度學習之影像辨識技術的運用

自從谷歌開始進行無人車的公路測試後，那般奇特的光景隨即蔚為話題。然而，即便透過光學雷達等掃描儀或高精度地圖可以正確推測出行駛中的路徑，仍得在行駛中辨識出交通標誌、停放的車，以及行人等無數的物體。尤其物體辨識的規則必須靠人工一項項設定，應用十分有限。因此，後來之所以會讓人興起不再靠人工設定規則，改從數據中來設定規格的想法的，正是採用深度學習之影像辨識技術的運用。

深度學習的問世，讓執行物體辨識任務時所需的目標物特徵，可以不用再靠人工下達指示，而是由ＡＩ來自行找出。例如，就算是在高精度地圖不夠完善的地區，也能透過行駛中從掃描儀所取得的即時資訊來掌握車道，讓我們距離自動駕駛的夢想更近一步。

為了實現自動駕駛所需的武器，如今又添加了一項深度學習。對自動駕駛而言，這替原為一大難關的物體辨識問題找到了解決之道。谷歌在進行無人車實地測試的同時，也進行了電腦模擬的行駛測試。根據谷歌於二〇一六年一月所公開的報告書指出，他們一再重複進行每天行駛距離達四百八十萬公里的模擬測試。若想到這是相當於每天繞行地球超過一百圈的距離，便可理解谷歌所進行的電腦模擬測試究竟有多麼龐大了。如此這般，在時間、天候條件不同的環境下，或是道路狀況不同的場地，一再重複進行實地測試和電腦模擬測試，必定能夠讓物體辨識的準確度及行駛規則獲得進一步的改善。

04 自然語言處理也以驚人的速度在進化

機器翻譯的苦惱

透過電腦將英語或日語等語言翻譯成其他語言，便是所謂的機器翻譯。機器翻譯是自然語言處理的應用之一，跟語音辨識一樣具有悠久的研究歷史。機械翻譯主要可分成兩種方式。

一是由人類解析目標語言的辭典和文法特徵，再轉化為規則的「規則式機器翻譯」（rule-based machine translation）。這方式不僅歷史悠久，也實際應用於多數商用工具。不過，由於這方式必須有語言專家的支援，一般而言也得靠人工來維護龐大的規則，因此成本多半比較高。再者，若要對應新的語言，還得重新預備跟原先所對應之語言相同的規則，自是不容易多語化。

另一種方式則是統計式機器翻譯（statistical machine translation），由學習了對譯的翻譯模型，以及學習了目標語言語順的語言模型所組成。好比說，若要翻譯英語的"I am from Japan."，翻譯模型按各個詞彙翻譯成「我從日本來（私は日本からです）」雖說語意是對的，但就日語來看，這是不自然的翻譯候選文句；而語言模型便會從這段文句衍生出「我來自日本（私は日本出身です）」這符合日語語順的翻譯文句。

這方式在網路問世後，比以前更容易取得對譯資訊，又因電腦的技術革新，得以處理龐大資訊。於是，自二〇〇〇年起，便成了眾所矚目的技術。例如，只要製作會蒐集金融或醫療等特定領域中的專門資訊並加以學習的模型，就可以做到符合該業界特有說法或含意的翻譯。再者，因為沒有受到如文法等嚴謹規則的束縛，根據為學習所預備之資訊的不同，甚至還能應用到容易因口語化而造成語法錯誤的文章翻譯。

若試著比較這兩種方式，規則式機器翻譯由於需要靠人工建構邏輯，因此能夠一項項地找出錯誤翻譯的原因並加以改善；反觀統計式機器翻譯，則具有不易找出所提供的學習資訊基於某因素產生的錯誤缺點。

另外，相較於規則式機器翻譯必須一項項地制定由原文和目標語言配成對的規則，統計式機器翻譯只要擁有配成對的翻譯資訊，便能使用該資訊製作出同樣的模型，因而具有容易拓展到複數語言的優點。

至於機器翻譯整體最重要的準確度，除了規則式和統計式機器翻譯外，也設想了其他數種方式，在不斷摸索的過程中，試著從錯誤中學習。然而，至今仍無法達到一般水平的準確度。因此，有關商業的實際應用，就只能用在即便文句稍嫌彆扭也不礙事的場合，或是在一開始便靠人工來修正機器翻譯結果的前提之下使用。

機器翻譯的準確度接近一般水平——類神經機器翻譯的問世

一步步不斷進行改良的機器翻譯，原本以為若要達到一般水平的翻譯準確度，還得再耗費一段時間。而一舉改變這現狀的，正是二〇一六年谷歌在自家翻譯服務所搭載，名為類神經機器翻譯之技術的問世。

谷歌利用這般技術，成功將翻譯時的錯誤率抑制到一般水準。這項評估測試是谷歌獨自重新調整翻譯研究所用的手法而成。試著比較新手法的類神經機器翻譯，以往谷歌所採用的統計式機器翻譯手法之一的片語式機器翻譯（phrase-based machine translation），以「六」（完美）到「零」（完全誤譯）共七個階級來進行評測。

作為比較基準（benchmark）的人，是原始語言和翻譯的目標語言都相當流利者，翻譯是否夠專業，嚴格來說並不清楚。不過，以往谷歌所採用的片語式機器翻譯，從英語翻譯成同屬歐洲語系的西班牙語，得分為四・八八五（雙語流利者翻譯的得分為五・五〇四）；而從英語翻譯成不同語系的華語，得分則為四・〇三五（雙語流利者翻譯的得分為四・九八七）。與人類相比，約有〇・五分至一分的落差，仍有改善空間。至於新手法的類神經機器翻譯，從英語翻譯成西班牙語的得分為五・四二八，從英語翻譯成華語的得分則為四・五九四，一口氣將準確度成功提升至一般水平。

類神經機器翻譯，就如其名，是運用類神經網路的機器翻譯手法之一，結合深度學習技術開發而成；尤其還搭載了名為注意力模型（attention model）的新機能，對準確度的提升貢獻良多。

所謂注意力模型，如同我們平時將英語翻譯成日語時，看到英文的長句子，便會開始思考該從句子的哪裡譯起，才能掌握正確的意思般，也會進行調整字詞順序的作業。字詞順序若不正確，就會造成錯誤的解讀，必須不斷進行修正。

另外，有關學習用的資訊，則是使用谷歌從世界各地蒐集來的資訊。具體而言，就是平行語料庫（parallel corpus）的文本，也就是在如英語和西班牙語等配成對的語言之間，意思相同的文句或是文章。不過，能夠蒐集到的資訊，按語言的不同，也會有千差萬別的地方，因此，即便英語和西班牙語之間的對譯有好的成果，也無法保證英語和日語之間的對譯同樣能有好的成果。

相較起以前的手法，類神經機器翻譯不只提升了翻譯的準確度，也促成一種令人甚感興趣的現象，也就是中間語言（interlingua）現象的形成。例如，僅學習了英語和日語之間的對譯，以及英語和法語之間的對譯的機器翻譯模型，若要實現沒有學習到的日語和法語之間的對譯，模型也知道要去找出語言所具有的某種共通表現。如同人類歷經反覆訓練後，最後自然而然能夠駕馭多種語言般，機器也學到了不依賴語言的概念，堪稱是極其有趣的成果。

原本以為，要讓機器翻譯達到一般水準，實踐實用化還得花上一段時間。然而，谷歌成功達到服務化的類神經機器翻譯，讓世人完全改觀。對不擅長學習外語的日本人而言，能夠得到高品質的翻譯服務，受惠甚多，也提高了機器翻譯服務今後在日本擴展的可能性。

聊天機器人（chatbot）熱潮的到來

「聊天機器人」是一種如同真人般，可以透過文字訊息與人進行對話的程式。二〇一六年，臉書推出了「Facebook Messenger Platform」，而 LINE 則推出了「Messaging API」；像這樣，聊天機器人服務的相繼發表，頓時成了矚目的焦點。

話雖如此，聊天機器人絕非為嶄新的技術。早在第一次ＡＩ熱潮，即一九六〇年代，麻省理工學院（MIT）的約瑟夫・維森鮑姆（Joseph Weizenbaum）便已研發出名為「伊莉莎」（ELIZA）的對話系統。

「伊莉莎」模擬了精神科醫師透過對話進行治療的心理治療法，而這般得以讓病患透過文字訊息跟電腦「伊莉莎」對話的架構，則可說是聊天機器人的原型。「伊莉莎」被設計成會引用使用者所輸入的部分內容來進行對話，雖說這只是很簡單的架構，但按照個案的不同，有時也會讓人覺得就好比跟真人對話一般。

然而，由於當時的自然語言處理技術尚未成熟，要持續進行通順流暢的對話實有困難，因此該技術在商業用途上並沒有受到廣泛應用。即便後來有開發出如同玩具程式般，可以讓部分電腦愛好者彼此交談的聊天程式，卻也不像現在那麼受人關注。

到了第三次AI熱潮，聊天機器人之所以會再度成為矚目的焦點，原因有二：一是自然語言處理技術的進化。聊天機器人也搭載了最新的AI技術，對話的流暢自然更勝以往。二則是人們溝通方式的改變。約自二〇一〇年起，如LINE等網路聊天服務越來越普及，超過半數的日本人統統都有了帳號。

若放眼世界，臉書Messenger的每月活躍用戶（active user）早已突破十億人，而歐美以十來歲至二十來歲的使用者占多數的WhatsApp，其用戶人數也超過十億人。至於發展出獨有網路文化的中國，由服務提供範疇廣泛，從遊戲到各種網路通訊服務等均有涉獵的騰訊（Tencent）所推出的微信（WeChat）也已相當普及。即便不同地區、國家或年齡層所使用的網路聊天服務都各不相同，多數持有智慧型手機的人，早已習慣每天都使用這些網路聊天服務，儼然已成了日常生活的一部分。為了讓這項服務在商業上獲得有效利用，聊天機器人也搭載了最新AI技術，藉此提升其會話能力，設計出具有高親和力的系統。

聊天機器人重新受到矚目的原因

二〇一〇年網路聊天服務問世，而在網路廣告的運用上已獲得極大成效的企業，也開始注意到，網路聊天服務可用來作為如刊登產品資訊，或發行優惠券等的廣告媒體，因而相繼在網路聊天服務上開設企業帳號。

相較起網路，就與顧客接觸的觀點來看，可預期得到網路聊天服務勢必更有機會接觸到潛在顧客，獲得最佳的廣告效果。然而，這般做法卻只停留在企業單方面發布資訊的「單向」應用，遲遲無法達到聊天服務最大特點的「對話交流」。

直到二〇一五年左右，情況才有了轉變。隨著企業期望能提升呈現爆發性成長的網路聊天服務在顧客接點上之應用的需求不斷高漲，有關可以讓企業與顧客一對一交談，進行產品推薦甚至販售的「雙向」應用，也開始檢討起可能性。在這當中，重新受到矚目的，便是搭載了最新自然語言處理技術的聊天機器人。雖說它的會話能力仍未達到一般水平，但還是有可能藉由鎖定對話內容（topic）及場合（scene）來進行實用的交談。

企業有意在網路聊天服務的出入口設置自家的聊天機器人，藉此實現與顧客的雙向對話。作為與顧客接觸的新接點，企業對於網路聊天服務應用的期望值（expected value），以及目前內建於多數聊天機器人中的自然語言處理技術所能做到的事，二者之間勢必會有隔閡，並非萬能。不過，正確掌握到技術的限度，因此而獲得極大成效的企業，早已有先例可循了。

與網路聊天服務進行統合的價值——雅瑪多運輸（Yamato Transport）LINE 官方帳號

雅瑪多運輸提供有利於寄件人和收件人雙方的服務，只要使用網路聊天服務的 LINE，便能查詢包裹的運輸狀況，或者預約再配送的時間。以往，同樣的服務都是在網路上經營，要找到所需資訊，總得歷經好幾道繁瑣的操作步驟，對一般消費者而言，實在無法說是任誰都能直覺使用的介面。

雅瑪多運輸的聊天機器人會跟客戶一項項地核對必要事項；若有錯誤或不清楚的地方，也會立即向客戶確認並提供援助。這樣的操作介面確實對客戶十分體貼。不僅如此，從再配送的預約，直到後續運輸狀況的查詢，客戶都可以透過聊天室的訊息確認，無須再去調閱過去的電子郵件來追蹤進度。

至於「不在通知」的自動回覆，若是以客戶平時常用的 LINE 來發送，相信漏接的情形也會減少許多。如此，即便是從以前就有的服務，但藉由與網路聊天服務進行統合，只是將操作介面改換成如同與朋友聊天般的友善介面，就可以讓操作變得更容易上手，進而改善客戶體驗的品質。

人類與聊天機器人互助合作——Operator

美國新創公司 Operator 是由優步（Uber Technologies）的共同創辦人加勒特．坎普（Garrett Camp）等人所推出，僅靠聊天機器人來運作的零售服務。優步是透過讓汽車所有人與有搭車需求者進行配對的方式來提供服務；Operator 則是透過將對產品瞭解甚深的半專業購物者與想借用其智慧的人配成對的方式來提供服務。他們的服務是採「混合」（hybrid）式的；如受理使用者申請或結帳等例行工作，便交由聊天機器人處理，而搜尋推薦產品等心智工作，則由真人負責。

一啟動 Operator 的應用程式，就會顯示出登錄產品類別的畫面，好比說，家具、首飾、家電用品或是婚禮等。像這樣，除了具體的產品外，也包含了想徵求意見的活動在內。接著，如同跟朋友在聊天室談話般，只要傳送出「我想買耳機」這類具體購物需求即可。如此一來，聊天機器人就會開始進行配對，為使用者安排一位熟悉該產品或服務的半專業購物者。配完對後，雙方便可在聊天室進行有關產品或服務的討論。

一開始，為了掌握使用者的需求，會讓使用者從數件推薦產品中，選出最接近自己需求的一件，藉此瞭解對方的喜好。有時在討論中也會穿插圖片，這就像是走進時髦的選貨店（select shop），從符合自己所需的推薦產品中做挑選一般。如果是在實體店鋪，跟店員之間的距離感，或是店內狀況的混雜等，都有可能會影響購物，以致無法完全按自己的意思來進行。不過，若是使用聊天室，便可利用通勤時間或工作空檔等閒暇之餘，照自己的步調來購物。

再者，由於購物網站上的產品數以千計，要一一看過所有的產品實有困難。因此，先請行家協助推薦產品，再從中挑選出自己所喜歡的，這比起單靠自己一個人尋找，更能夠在短時間內找到所需產品。

不僅如此，Operator 也可以不經由配對，讓使用者直接跟自己想找的購物者對話。只要過去曾使用過 Operator，也接受了對方所推薦的產品，並沒有再次訂購，就可以重新徵求對方的意見。這可說是，藉由自己的推薦一再被接納的方式，讓 Operator 的購物者得以獲得粉絲的架構設計。

Operator 的服務各取聊天機器人和人類的優點，將受理申請、結帳，以及運輸狀況查詢等例行作業交由聊天機器人負責，至於產品推薦等高階作業則交由真人負責。作為聊天機器人元件技術的自然語言處理技術，目前仍持續研發中，在不鎖定內容或場合的情況下，對話要能夠達到一般水平，還是有其困難之處。所以說，即便無法讓聊天機器人負責銷售的所有流程。不過，將受理申請或結帳等部分作業交由聊天機器人負責的架構設計，倒可說是現在ＡＩ技術最切實可靠的手法。

利用聊天機器人來達到業務的部分自動化，相較起全程人工作業的做法，不僅可以最少人力來提供服務，也有助於降低成本。另外，如運輸狀況查詢等作業，若由系統直接來處理，更能迅速應對。而結帳的部分，由於涉及信用卡資訊，使用者對於人工處理的做法本來就有忌諱，若能善用聊天機器人做到系統化自是再好不過。

未來，誠如優步有意開發自動駕駛汽車，由AI來取代駕駛，不難推測出Operator也有意讓AI來取代半專業購物者，但要實現這理想，還有一段漫長的路要走。

05 AI與機器人的融合

進入機器人自學的時代

伴隨AI的進化，機器人也產生了極大的改變。例如，語音辨識已普遍能在吵雜的日常生活環境中使用，那麼，於店家門口等處設置機器人負責接待工作的景象將指日可待。為了讓人類與機器人的應對能夠更顯得自然，勢必要能夠讓人感受到，不同於在汽車工廠等處默默進行作業、感覺冰冷的工業機器人的溫暖。這類應用在我們生活環境中的機器人被稱為「服務型機器人」，好跟在工廠等生產現場所使用的工業機器人做出區別。以前，服務型機器人多半是作為照護或設備檢查等專門用途，甚少出現在街頭上。而讓這般情況有所改變的，正是ＡＩ。

當然，工業機器人也不例外。以前的機器人控制，是由專業技術員約隔數日或數週設定一次，每天反覆進行調整；至於ＡＩ，也只會按照事先給予的規則來執行動作。於是，藉由結合最新的深度學習等ＡＩ，研發出會自行反覆嘗試，從錯誤中掌握到作業方式的系統。如此一來，就像資深技師從作業的嘗試錯誤（trial and error）中學習精進般，機器人也會自行從失敗中學習，找出改善的方法。

工業機器人靠AI進化——發那科（Fanuc）之例

搭載ＡＩ技術的機器人應用，也持續在工廠內部擴展。由工業機器人大廠發那科與日本ＡＩ新創公司Preferred Networks共同合作研發，針對工業機器人所面臨的二大課題尋求改善之道。

一是機器人故障的預測；二是機器人的控制。機器人的突發性故障不僅會對工廠的生產活動造成極大影響，又如維修作業或零件更換等，要完成修復也得耗費一段時間。以往，若有零件快過期，為了安全起見，一般都會請維修人員自行研判做更換。假如有辦法提前到數個月前就預測到零件未來可能會有的故障，就可以在不必停止生產線的情況下僅更換必要零件，對維修成本的抑制也很有幫助。因此，發那科便與在ＡＩ領域擁有頂尖實力的 Preferred Networks 聯手合作，共同開發可預測故障的系統架構。

而這項服務，透過讓供應商工廠的機器人與已開發完成的預測系統連結而得以實現。並非由中央伺服器負責所有的處理。因為考量到網路頻寬及即時性，認為中央伺服器只負責運作狀況或故障徵兆的偵測，檢測所需的處理則分散至機器人鄰近處進行的做法比較妥善。這般架構被稱為邊緣運算（edge co mputing），是以前就有的概念。由於邊緣能利用的計算資源有限，因而遲遲難以實現。而最後成功實現這項服務的，正是發那科與 Preferred Networks 所共同研發的系統。在 Preferred Networks 運用深度學習開發而成的預測系統中引進邊緣運算，讓所有資料都能夠有效利用，進而得以執行預測故障所需的分析。

發那科除了預測系統外，也期望能提升工業機器人的機能，便開發出了可改善自學作業、名為「ＡＩ機器人」的產品。例如，該項機器人可經由反覆的嘗試錯誤，透過自學獲得將散亂物品正確堆疊的能力。以前，為了控制機器人，若不是得靠人工輸入機器手臂位置的座標，就是得靠資深技師進行機器手臂的微調，而這些動作都被當作規則記錄下來。相較起這般舊式手法，「ＡＩ機器人」可以大幅減輕人工作業的負擔。

再者，該款機器人所採用的學習法為增強式學習，藉由判別機器人行動的好壞，並給予相對報酬的方式來進行學習。如此一來，機器人在反覆嘗試錯誤中便會學到能夠獲得較多報酬的行動，進而執行最為適當的動作。

增強式學習是AI手法之一。這並不是新手法，卻因學習所需的參數若有所增加，就無法順利進行學習，所以始終沒踏出實驗室的範疇。最後解決這項課題的，正是深度學習。採用結合了增強式學習及深度學習的深度增強式學習（deep reinforcement learning），不僅讓以前執行困難的大量參數學習化為可能，也可以應用到實際生產現場的機器人。如同資深技師從平時的作業中發現可改善之處，進而提升了生產效率般，採用深度增強式學習法的機器人，同樣也會針對自身所執行的動作持續進行改善。

自學機器人的誕生，似乎也帶來了新的優勢。那便是對人類而言不能說是容易的透過經驗共享所達成的加速式進化。具體而言，就是將設置於工廠生產線上，執行相同作業的數部機器人連接起來，並以其中一部所累積的經驗成果作為學習資料，與其他部機器人共享。人類若要共享彼此的個人經驗，若沒有透過語言或影像，很難有辦法做到。就AI能夠彼此共享自身所累積的學習成果這一點來看，未來的工廠或許將會由一顆頭腦來執行最佳化和運作的。

透過AI技術的融合，讓生活變得更加便利

本章彙整了AI各應用領域的成熟度，並分別介紹了具體實例。這次所介紹的實例，並非全都採用現今深受矚目的深度學習法。當中也有以前AI技術的集大成之作，例如結合規則式AI技術，藉由鎖定運用場合來做有效利用。又如語音辨識、影像辨識及自然語言處理等技術，在實際應用上，已不再傾向單一技術的運用，有越來越多的場合需要靠複數技術的結合，如語音辨識和自然語言處理的結合等來進行運用。

在這般情況下，如語音辨識引擎或自然語言處理引擎等，目前主要的執行方式都是分成兩個程序來處理。不過，現階段已經開始在測試，透過一部深度學習的類神經網路來執行語音辨識，以及自然語言處理的執行方式。

將模型融合成一個的好處在於，實現以往認為不可能的事，以及辨識準確度的提升。好比說，接收影像資料，並且將該影像的內容轉化成文本來進行說明。微軟（Microsoft）早已將這般架構應用到視障者的支援系統。不僅如此，輝達也在自動駕駛汽車的應用上，開發出融合了影像辨識和汽車控制這二項處理的類神經網路。這項名為自動駕駛汽車人工智慧的技術，會蒐集相機所拍攝的影像和同一時間的作業控制（operation control）資訊，用來作為深度學習的學習資料。而其結果顯示，即便在沒有如白線等明顯標示的場所，面對輸入影像，仍有辦法如人類駕駛般行駛。這就像在駕訓班學到資深教練的駕駛方式，並透過實際練習來累積經驗，就此習得駕駛技術一般。

輝達正在籌畫AI賽車「Roborace」。沒有駕駛的無人車賽車，預定在一級方程式賽車（Formula One）的電動車版競賽——電動方程式賽車（Formula E）中開辦。說起來，原本在一級方程式賽車中，早期就已開始從賽車所搭載的電腦資訊中擷取出加速器和煞車等資訊，用來分析賽車的行駛狀況，作為改善的依據。

另外，行車紀錄器所拍攝的影像也會記錄下來，拿來作為電視轉播時的賣點。從引擎車到電動車，或許很難直接套用，不過，還是有可能開發出學到歷代名賽車手，或是像已過世的艾爾頓・洗拿（Ayrton Senna）這般傳奇賽車手所擁有之技術的AI。如此一來，現實世界中絕對不可能會有交集的人們，透過AI超越時空，一同在賽車場競賽將不再是夢想。

如同我們的大腦是由龐大的神經網路所構成，類神經網路或許也有可能自然而然地串起語音辨識和影像辨識，或是跟運動控制（motion control）功能合而為一。若是分成兩組類神經網路來進行處理，也有可能會遺失原本該接收的資訊。有關深度學習的研究，現在正進行得如火如荼，常常還沒過完三個月，最新的研究成果就成了過眼雲煙。而今後，每當有新的研究成果問世，AI勢必就會再次進化，為我們的生活帶來更多便利。

第3章

AI所改變的社會

現今，已有不少先進企業開始採用最新的ＡＩ技術來解決問題。本章所介紹的實例，其中也包含仍處在示範實驗階段的例子。這是因為透過介紹稍微跳脫以往構想，沒有停留在延長線上的實例，以約十年左右的中長期來思考ＡＩ給社會帶來的影響。遺憾的是，在此無法詳細介紹所有的業種，本章將盡可能地廣泛介紹多少與各位的生活或工作有關的業種。那麼，這就讓我們一同來解讀從先進技術實例中得到的啟示吧！

01 零售業

機器人店員進駐實體店鋪

話說美國的零售商早已開始引進機器人。其中一例就是在居家裝修賣場負責接待及庫存管理，由美國 Fellow Robots 所開發的機器人「NAVii」。在經手商品種類繁多，顧客來店頻率卻少於食品超市的居家裝修賣場，有時不一定可以馬上找到所需商品的擺放位置。因此在接待上，顧客最常需要協助的便是商品的找尋。

NAVii 既可以語音應答，也可親自引導顧客前去商品擺放處。平時，它會以人類步行的速度在賣場穿梭，或是待在特定定點，如同真人店員不時環視四周，查看有無需要協助的顧客般，靜候顧客開口提問。

NAVii 具備透過影像來辨識人形，以及聽取辨識對象聲音的功能。乍看之下，這似乎是很簡單的「人形辨識」功能，實則不然。在 NAVii 值勤的賣場，透過攝影鏡頭所捕捉到的人形勢必不只一人，所以一定要能夠從人群中鎖定接待的對象。再者，如家電量販店等，現場也會有許多電影海報或廣告等近似人形的物品，因此，NAVii 也要能夠辨別對象是否真為來店顧客。

當然，在人來人往的賣場，一定要想辦法避免與來店顧客或店員發生碰撞，或是為了促銷而臨時擺設的特賣品貨架，也有可能成為大型障礙物。為此，NAVii 不僅搭載了谷歌無人車所用，名為光學雷達（相關說明請參閱第二章）的高精度紅外線雷射掃描儀裝置，甚至還具備可因應情況迴避障礙物的功能。另外，NAVii 也會利用夜間或休業日，在賣場內四處移動，自行繪製地圖，作為引導顧客時的路線選擇之用。至於危險性較高、機器人不易通行的狹窄通道，也可直接設定成不可通行的路線。

如語音辨識、影像辨識，以及碰撞避免（collision avoidance）等，NAVii 就像一座 AI 百貨，是結合了多種技術打造而成的機器人。雖說日本也引進了可跟顧客對話的機器人，卻甚少使用機器人的移動功能。這是因為考量到安全問題，為了避免意外的發生。此外，日本所引進的機器人多半屬於對話功能專門化款式，為了抑制價格，自是不像 NAVii 那樣具有最先進的防撞功能。尤其是能夠確實掌握行進路線上障礙物的關鍵技術——光學雷達，這款掃描儀價格不菲，也不乏有動輒數百萬日圓的產品。即便零件廠商已開始針對低價化的可能性進行檢討，但這仍需要一段時間才有可能達到。遽聞，NAVii 的製造成本有一半以上就是花在光學雷達上。

日本少子高齡化的現象，已經在服務業引發人力短缺的危機。如山田電機或巴而可（PARCO）等，便於二〇一六年實驗性地引進 NAVii，開始檢測其成效。僅有機器人顧店的無人商店，現階段看似仍遙遙無期；不過，人類與機器人相互合作，共同經營商店的日子或許為期不遠了。由機器人負責商品找尋等較為單純的作業，真人店員便能傾注全力在如商品推薦等附加價值高的工作。就結果來看，一個人的生產力是比以前提高許多。

有助於庫存管理

另一方面，美國為了解決店鋪庫存管理鬆散的問題，自二〇一六年九月起，正式引進NAVii。據Fellow Robots表示，按個案的不同，庫存管理系統中可確認的商品數量與實際擺放在店鋪貨架上的商品數量，大約只有二十五％是相符合的，這儼然已成了店鋪經營的重大課題。

NAVii內建無線射頻讀取器（RFID reader），只要經由無線讀取商品上的標籤，便能統括確認貨架上的庫存量。雖說有時也會因商品擺在貨架深處或是角度的關係，導致沒讀取到標籤而產生誤差。不過，NAVii的引進可讓確認庫存的準確度提升至九〇％，因此，在美國的居家裝修賣場Lowe's也引進了NAVii。日本同為先進國，但所遭遇的情況和課題都不同於美國，對機器人功能的期待自然也會如實呈現出差異。未來，當機器人在店裡值勤成了理所當然之事時，勢必可預見各國的應用方式將會各有所異。

在背後默默支持網購的倉庫機器人

隨著智慧型手機的普及，利用短暫的休息時間或通勤時間，上網搜尋自己有興趣的產品，然後下單購入已不再是難事。根據國土交通省每年所統計的「宅配件數實績」，從二〇〇七年到二〇一〇年，年度的宅配件數約為三十二億件；而日本自智慧型手機正式普及化的二〇一一年起，宅配件數便開始上升，直到二〇一五年，年度件數已達三十七億件。再者，委託宅配的消費者需求似乎也同時產生了變化。具體而言，如當日投遞等，消費者越來越重視到貨速度，結果造成部分宅配業者因為來不及調派貨車或駕駛員，甚而陷入無法接單的困境。因此，物流的改善便成了當務之急。

不少經營網購的企業，紛紛開始想辦法縮短商品出貨前的處理時間。其中一間就是經手商品廣泛，從日用品到家具統統都有賣的宜得利（Nitori）。宜得利認為，應當縮短從顧客下單直到商品出貨為止的所需時間，於是在自家倉庫引進了機器人。宜得利首度引進的機器人，是二〇一六年由該公司位在川崎市的物流中心所引進的機器人倉儲系統「AutoStore」。

AutoStore是挪威Jakob Hatteland Computer所開發的系統，由衣物收納箱大小的「小型貨櫃」堆疊成巨大立方體狀的裝置。商品的庫存數量及收納場所全都由電腦進行管理。該裝置的天花板下，設置了數部體積略大於吸塵器的自動機器人，這些機器人會根據出貨指示去提取貨櫃，並取出收納在貨櫃裡的商品。

層層堆疊的貨櫃可將之視為電腦演算法之一的佇列（queue），並採用先進先出（first-in first-out）的架構。為了縮短提存時間，存取頻繁的貨櫃會盡可能堆疊在上方，所以自動機器人也具備可利用空閒時間來更換貨櫃擺放位置的功能。以高密度堆疊貨櫃的作法，能夠存放的商品數量是一般平放式貨架的三倍多、機械式倉儲——堆高式起重機（stacker crane）的二倍多。只要懂得善用這些功能，相較起純人力作業，不僅出貨速度更快，也能有效利用在都市中心寸土寸金的地段。

作為系統關鍵元件，負責協助提取商品的自動機器人，最長可持續運作二十小時；而一個系統有數部自動機器人分工作業。因為機器人得以各別進行維修，可避免系統全面停工，同時也具有主動歸位充電的功能。當然，這絕非是廉價的系統。宜得利訂立了將倉庫面積縮減至原有的一半，且最終要讓作業員刪減至原有人數四分之一的營運目標，只要機器人的引進順利，便能在三至四年內全數回收投資之金額。

機械化的操作，縮短了商品出庫的時間，也有助於減少人事費的支出，為時下漸趨嚴重的人力短缺問題率先祭出因應對策。

補足機器人不足之處的機器人

AutoStore 是很優秀的技術，卻需要大規模的投資，而且也不一定適用於現有的所有倉庫。因此，宜得利決定於二〇一七年一月再引進另一款機器人，那就是自動搬運機器人「Butler」。

Butler 是由印度機器人新創公司 GreyOrange 所研發出的機器人。它可潛入存放商品的貨架下方，抬起貨架，將貨架搬運到指定位置。Butler 的導入讓揀貨作業員不必移動到商品所在處，又因為商品貨架可各別移動，作業員也不必為了找尋商品而在倉庫內四處奔走。或許有人會認為，既然能做到這地步，不如連撿貨的作業也讓機器人來負責，不是更有效率嗎？然而，撿貨作業絕不是件簡單的工作。

因為現實中，貨架上所擺放的商品，有時會是尺寸或顏色僅有微妙差異的同款商品，單靠外觀並不容易辨識。所以說，在撿貨的同時，也得仔細確認外觀細微的不同。再者，材質軟硬不同的商品，或是尺寸長短不同的商品，在撿貨時該用多少力道來提取也因商品而異。

亞馬遜自二〇一五年起所舉辦的亞馬遜撿貨競賽（Amazon Picking Challenge），每年都會出作業難度高的題目。雖說來自世界各地的研究者們都很勇於挑戰，但要開發出勝過人工撿貨的機器人，仍還有一段漫長之路要走。因此，有關撿貨的部分，目前還是由真人執行，其餘的作業則由機器人協助。像這樣，嘗試透過人類與機器人的攜手合作來提升生產力。例如，宜得利之所以會嘗試引進Butler，也可說是基於這般考量吧。

宜得利這二項機器人應用實例，並非跟ＡＩ的進化毫無關係。上述的系統都是由機器人與先進軟體結合而成的。

AutoStore 透過系統管理堆疊的貨櫃和存放其中的商品，並事前模擬每件商品的出庫頻率及今後的出庫預定，藉此達到迅速出貨的目標。另外，Butler則協助移動貨架，將出貨頻率高的商品擺放在撿貨員作業區附近。接著，為了提升裝箱效率，撿貨作業計畫可以採取每件訂單各由一名撿貨員負責，或是按商品種類分派撿貨員，以團隊分工的方式來完成一件訂單的撿貨。如此一來，便能有效縮短商品在出貨前的所需時間。

應用於擺設或作業計畫的最佳化技術，是屬於也應用於語音辨識、影像辨識及自然語言處理的ＡＩ技術之一。結合了機器人與ＡＩ的解決對策，在給予零售業支持的物流應用上也勢必大有展望。

02 服務業

飯店也搭上機器人化的熱潮

若要說起對於服務業的機器人應用充滿企圖心的嘗試，那就不得不提由長崎縣豪斯登堡（Huis Ten Bosch）股份有限公司所經營的「怪奇飯店」（Henn-na Hotel）。於二〇一五年七月開幕的「怪奇飯店」，是間追求運用先進技術之終極生產力及舒適性的飯店。再加上輻射冷卻空調設備，以及人臉辨識系統等技術的使用，盡可能地將飯店內的業務都交由機器人來負責。具體而言，如櫃臺接待或行李搬運等，以往都是由人力執行的業務，若全都改由機器人來執行，或許就能解決服務業目前所面臨的二大課題，「人事費的削減」

及「人力嚴重短缺的因應」。

「怪奇飯店」二〇一五年開幕時共有七十二間客房，員工卻只有十名。這樣的人數是豪斯登堡所經營的其他飯店員工人數的三分之一，由此確實可看出機器人應用所帶來的成效。更教人吃驚的是，二〇一六年「怪奇飯店」又增加了七十二間客房，擴展成擁有一百四十四間客房的飯店，但員工人數還是維持原有的十名，這表示生產力實際上是提升了兩倍。所以說，「怪奇飯店」成功的原因之一，那就是人類與機器人的完美合作。

機器人結合了語音辨識或影像辨識等 AI 技術，朝著期盼未來能達到無人化的目標不斷進行各種嘗試。不過，如禮賓部或櫃臺接待等必須與人應對的業務，對現在的 AI 而言難度較高，並不容易辦到。因此，為了讓真人員工得以隨時代替 AI 來應對，便採用了可透過鏡頭來合作的架構。要達到零人力確實有困難之處，但誠如方才的例子，因為只有在必要之時才由真人員工出面應對，所以，一名真人員工是有可能作為多部機器人的「代理」。事實上，若從「怪奇飯店」客房數雖擴增為兩倍多，卻不用增加員工人數的經營模式來看，便已清楚說明這般作法的成效所在了。

機器人的「待客之道」

服務業不能沒有待客精神。不過，待客倒是不一定要由真人來負責。其中一例就是由美國新創企業 Savioke 所研發的自動機器人「Relay」。Relay 所搭載的 AI 技術是為了因應飯店客房服務開發而成的，這款機器人目前早已應用於舊金山等地的數間飯店。

話說 Relay 的研發起於飯店沒有足夠人力來應對夜間客房服務的窘境。然而，住宿者對於夜間客房服務，其實也存有著嫌預訂本身就很繁瑣，或嫌給小費很麻煩而懶得去使用，這類正因為是人才會有的負面想法。

而 Relay 不僅具有會自動將預訂餐點送到客房的功能，演出也十分講究。當 Relay 抵達預訂者房間門口後，便會主動打電話，以合成的語音請求對方開門。簡直就像是在著名科幻電影中登場的機器人。這項演出成功融合了娛樂性，甚至還有房客為了跟 Relay「見上一面」而入住。

飯店引進能為住宿者帶來更多便利的機器人已逐漸成為一種趨勢。當然，機器人的應用並非毫無限制的。如防災規則或旅行業管理規則等，若沒有遵循業界特有的法規制度，便不得使用機器人。話雖如此，尤其在擔憂人力短缺問題的日本飯店業界，機器人的應用是避免不了的。再者，對住宿者而言，演出新奇的機器人，隨著飯店營造的氛圍不同，也有可能會帶來十足的集客效果。特別是在會與房客接觸的場合，筆者認為結合機器人的「演出」將會是成功的祕訣。

03 農業

從「面」的最佳化到「點」的最佳化

美國新創企業藍河科技（Blue River Technology）開發出了用於萵苣栽培的曳引機——萵苣機器人（Lettuce Bot）。萵苣機器人是在農用曳引機上安裝農藥噴灑用機器人組件，且內建攝影機，便可透過影像辨識，按每株萵苣苗的生長狀態不同來噴灑農藥。

以往的農藥噴灑都是利用曳引機或遙控直升機，定期或照固定次數進行農場整體「面」的噴灑。然而，面的應對方式，雖然可使採收量穩定，但也成了招致因噴灑大量農藥所引起的土壤惡化，或成本增加的因素。原本應該是由人工逐一確認每株萵苣苗，配合其生長狀態來調整農藥種類和劑量，但這種作法費時費力，並不實際；而改變了這般狀況的，正是萵苣機器人。

透過影像辨識，不僅可辨別萵苣苗和雜草，確認萵苣苗的生長狀態，視情況判斷有無疏苗的需求，還可進行「點」的農藥噴灑。藉由減少不必要的農藥噴灑，來抑制農藥成本，甚至還有成功將農藥用量縮減至以往用量十分之一的實例。據聞目前在美國約有一成的萵苣，就是由萵苣機器人所種植、管理的。

彙整瑣碎資訊，掌握植物疾病的徵兆

德國新創企業PEAT，是間提供農作物疾病診斷及建言的企業。PEAT開發出了只要拍下植物的照片便能進行疾病診斷的智慧型手機應用程式——PLANTIX。這項應用程式運用搭載深度學習的影像辨識，可根據看似有病變的植物葉片特徵和色澤，以超過九成的準確度診斷出六十種以上的疾病。

這般以智慧型手機應用程式提供服務的作法，拓展了使用者範圍，從專業農家到農耕業餘愛好者都有人下載使用，已經成功新蒐集到超過十萬件的植物疾病相關資料。有了這些資料，提高了疾病診斷的準確度，也增加了可診斷出的疾病種類。不過，PEAT 的目標並不僅止於疾病的診斷。他們也鼓勵使用者在透過智慧型手機上傳的照片上加入位置資訊，藉此掌握疾病的範圍及分布，並即時與所有使用者共享。

而透過細微資訊的相互提供和彙集，也成了一套能夠針對可能導致大規模歉收之農作物傳染病提早發出警訊的系統。為此，PEAT 尤其將焦點鎖定在全球廣為栽種的植物，如小麥及玉蜀黍等的相關疾病。例如，在歐洲，便曾確診出名為「黑銹病」的小麥傳染疾病；又如二〇一六年在西西里島，也曾確診出傳染力比以前更為猛烈的類型。因為，能否提早掌握到傳染病的徵兆，並即時採取妥善的因應措施，是抑止疾病大流行的關鍵所在。

PEAT 也開始著手研發利用內建於 PLANTIX 的診斷專門技術，結合用於植物工廠的疾病監控服務，或大型農場所用之遙控飛機的診斷服務。PEAT 所開發出的這套機制，除了具有任誰都能透過智慧型手機簡單診斷出植物疾病的價值外，同時也是一套能夠針對可能影響全球糧食供應的傳染病，提早發出警訊的系統。而這類服務之所以實現，是因為運用了深度學習的最新ＡＩ技術。今後，ＡＩ技術於農業領域的應用將持續發展，甚至可預期得到，屆時連侷限於個人經驗而無法處理的問題，也都能藉由ＡＩ的協助來解決。

04 交通——車與交通邁向隨選（on-demand）服務

在美國有間名為 Local Motors 的企業，開發出了全球首部以3D列印技術打造而成的電動車「LM3D Swim」。Local Motors 透過募集來自世界各地人們的創意，期望能打造出一部以往的列印技術難以實現的嶄新「汽車」。而促成這般願景的其中一項原動力，便是3D列印技術。車體是直接以3D列印製作而成，特殊樹脂的型態由3D列印技術製造，因此金屬零件也能運用這項技術製作，持續調整即時反應構想的機制。

Local Motors 的下一個願景，則是嶄新「交通」應有的樣貌。為了實現這願景，他們於二〇一六年所發表的AI自動駕駛巴士「歐力」（Olli），早已在華盛頓特區進行示範實驗。「歐力」使用如光達等掃描儀，以及攝影機等超過三十種的資訊，得以在行駛中同時確認周遭的狀況。這點歐力與其他自動駕駛汽車相同。Local Motors 獨有的技術就在於巴士內部。因為「歐力」搭載了以ＩＢＭ的「華生」為基礎開發而成的ＡＩ。這項ＡＩ技術可與乘客進行語音對話，確認目的地，並介紹沿路相關資訊等，正如將人與自動駕駛汽車合而為一的導覽。

「歐力」不只會照事前所設定的路線來行駛，也會回應欲搭乘者透過隨選服務的呼叫，甚至能透過智慧型手機來追蹤「歐力」目前的所在位置。「歐力」的目標是「成為能夠回應每個人需求，附有優秀ＡＩ駕駛及萬事通ＡＩ導覽的移動方法」，而選擇使用這般方法來移動的樣貌，也是未來的交通樣貌。「歐力」約可乘坐十二人，也可考慮用來作為行動辦公室或行動咖啡廳。

「歐力」的「隨選」服務還有一項，那就是製造也是隨選的。Local Mo

tors與通用電氣（General Electric）合作，計畫要以名為微型工廠（micro-factory）的新概念來生產汽車。所謂的微型工廠，是指利用3D列印技術或機器人學（robotics）等先進技術，於消費者周遭小批製造產品的小型工廠。Local Motors運用讓「歐力」遍布全球各地的微型工廠，期望能達成從下單到製造完成只需十個小時的目標。竟要以微型工廠來生產汽車，這還真是個勇猛果敢的嘗試。

不只「歐力」的例子，面對在不久的將來即將實現的自動駕駛技術，AI技術可說是其重要的基礎。例如，隨選服務的每一趟派車，只要透過派車履歷資訊的蒐集，便能預測出在哪一帶有多少程度的需求量。如此一來，即可在不會造成使用者不便的情況下，適度調整應當派出的車輛數，避開交通混亂的路段，並減少不必要的能源浪費。以往都是得靠各個駕駛的判斷來調整路線，現在則可藉由AI技術，期許更貼近讓多數車輛共享資訊，控管交通的理想樣貌。無論是駕駛、導覽，還是整體的交通管制機能，這一切必然與ＡＩ息息相關。

05 醫療

協助醫師也拯救人命的ＡＩ

二〇一六年，一則報導了日本醫療界所發生之劃時代事件的新聞，傳遍了街頭巷尾。遽聞在東京大學醫科學研究所與ＩＢＭ共同合作的臨床研究中，醫師根據由「華生」所提供的治療藥物進行診斷，在調整了治療方式後，結果竟獲得戲劇性的成效，成功救回病患一命。

這項臨床研究是從二〇一五年開始的，讓「華生」學習了超過二千萬篇有關惡性淋巴瘤及白血病等血液腫瘤的研究論文，以及多達一千五百萬筆有關治療藥物的專利資訊，如此龐大得驚人的數據之成果。運用「華生」的診斷機制，主要是藉由輸入取自病患有問題之部位的細胞基因資訊，經由分析比較，提供適當的治療藥物。

依據以往的人工分析手法，平均大概要耗費二週的時間才有辦法找出適當的治療藥物；而運用「華生」的新手法，根據報導指出，所需時間縮短至十分鐘，效率十分驚人。不過，「華生」並非像醫師診斷病因那般，得以自行判斷出一種治療方式。它終究只不過是提供治療藥物的候選名單，以及該藥物可能治癒的準確率，最終還是得靠醫師跟病患問診，按時序追蹤各種檢查結果的「生命跡象」（vital signs），然後以自身的經驗來做出綜合的診斷。換言之，即便是在某一領域擁有遠遠凌駕人類的資訊量的「華生」，若沒有醫師的診斷也無法發揮效果。有關這部分，只要看了醫師平時的治療方式就會明白。「華生」所提供的治療藥物，於現階段只限於有關特定疾病的標靶藥物。

一般而言，包含血液腫瘤在內的癌症治療，有時也會結合如化學治療等其他治療方式，而單單只靠「華生」並不具有得以完成治療計畫的資訊。這或許是因為相較起能夠進行獨特性識別的基因突變，透過解讀病患按時序追蹤的數據變化，或是病歷上所書寫的症狀來做出診斷，當中會牽扯到過多的重要因素，光是要整理出給「華生」學習的充分資訊就甚有難度。

誠如東京大學臨床研究的成果所展現出的，「華生」不會發展到完全不需要醫師診斷的地步。不過，如基因突變等關鍵資訊若能事先下定義，便能從最新研究論文或龐大的治療藥物相關資訊中解開其可能性，並於短時間內提取出有效治療的候選名單。像這樣的事，憑人類有限的記憶是絕對模仿不來的。而從這個事實則可看出，在不久的將來，運用如「華生」這類ＡＩ的解析手法，將會普遍成為血液或尿液檢查的基本工具，協助醫師做出診斷。如此一來，這成為能夠在初期就診斷出病患的病狀，趕在病情惡化前就開始進行適當治療的利器，也將不再是夢想。

人類與ＡＩ相互扶持、越發有力

運用ＡＩ的治療輔助，在進行對人的醫療時也會碰到問題。好比說，病患所期望的治療方式通常都不會堅持某一種方式。有人不喜歡會伴隨疼痛的治療方式，也有人即便知道有風險也期望能接受短期密集的治療，而因病患的不同，被視為好的指數也各為不同。因此，能夠對病患的心情有所體諒，提出最佳治療方式，自然一直都是擁有心的人類醫師。

在醫療上，人類若能與ＡＩ相互扶持，就會越發有力，如同一個團隊同心合力來進行治療的模式也會趨於普及化。再者，若擁有ＡＩ的學習能力，或許就能找出人類絕不可能想到的治療方式。因為相對於人要取得多種專業知識十分有限，擁有無限資源及記憶體的ＡＩ，便能夠取得多種領域的專業知識。所以，透過ＡＩ便有可能發現到結合了生命科學和機器工學等跨領域知識的治療方式。即便ＡＩ要從零生出一確實有所困難，不過仍舊足以期待它能夠從龐大的組合當中找出相似性，提供給人類醫師。

醫療就在身邊

ＡＩ也有助於讓醫療更貼近我們的生活。Bay Labs 是間提供搭載深度學習之醫療影像診斷功能的企業。該企業尤其傾注全力在心血管疾病（如心臟、血管等循環系統的疾病）的超音波診斷。根據美國疾病管制與預防中心

（CDC）的報告指出，在美國，心血管疾病患者就占了死亡原因的四分之一，而死亡人數則每年高達六十一萬人。要診斷出心血管疾病，如心臟電腦斷層攝影（心臟CT）等影像診斷是最為有效的；然而，在發展中國家仍有許多地區無法使用這類的診斷裝置。

為此，Bay Labs結合了小型超音波診斷裝置及智慧型裝置（smart device），運用深度學習的技術，研發出在任何場所都能進行影像診斷的技術。這項診斷裝置內建圖形處理器（GPU），並非只是單純的超音波影像顯示裝置，更具有從影像中自動找出疾病的功能。這套系統在以肯亞學校孩童為對象的風濕性心臟病（RHD）徵兆的診斷運用上，成效持續顯見。

像這類讓醫療更貼近我們生活的系統，也有不少企業在積極研發中。例如，BioBeats所注意到的，是人們平時的壓力。平時些微的壓力若長期累積下來，亦有可能會引發嚴重的健康問題。所以，重要的是，必須盡可能提早處理好已產生的壓力。不過，由於以前無法持續監測壓力，要立即處理實有困難。

面對這般狀況，BioBeats 蒐集了取自穿戴式裝置的心跳及皮膚電導（skin conductance）等訊號，研發出可即時監測並分析使用者壓力狀況的應用程式。這項應用程式除了監測壓力外，當察覺使用者有壓力產生時，也會並用影像或音樂，進行壓力管理的指導。

而這套系統之所以能夠完成，是靠該企業所研發的機器學習平台。為了從取自平台裝置的訊號中推斷出壓力，則採用了結合以前的機器學習及深度學習的預測模型。

如今，BioBeats 所開發的系統，在經過於美國及英國等地的示範實驗後，便提供給旨在健康經營的企業，作為促進員工健康管理的工具使用。

06 金融

運用AI開拓金融服務的前景

以亞洲太平洋地區為中心發展業務的澳盛銀行（Australia and New Zealand Banking Group，縮寫為ANZ），為了開拓新客源，曾經針對以前甚少接觸過的年輕族群，提供視訊諮詢服務（video advisory service）。然而，該服務因為是由較為資淺的金融顧問來負責，在提供客戶協助的過程中耗費較多時間，以致面臨了成本大幅增加的課題。於是，澳盛銀行為了讓資淺的金融顧問加深對客戶問題的理解，並得以迅速答覆，便開始著手進行結合了IBM「華生」系統及視訊諮詢服務的系統研發。

澳盛銀行在研發這部分，雖然與IBM建立了協同（cooperation）體制，卻因在開發軟體的需求定義（requirement definition）及開發上耗費了超乎預想的時間，而且在資產運用工具（測試版本）釋出前，還得耗費二十個月的時間，實在無法說是一趟順遂的啟航。而之後也是困難重重，為了擴充諮詢服務的機能，即便將「華生」的應用範圍擴展至投資業務、存款業務及信用卡業務等，由於必須與各項業務獨自管理的平台合作，又是一段艱辛的歷程。

雖然在引進的過程中吃盡苦頭，但在釋出服務後，「華生」則帶來了極大的成果。以往只靠人力的諮詢服務，通常需要耗費五至七天的時間來提供協助；若遇到較為複雜的案例，有時甚至還得耗費長達二至三週的時間。如此一來，從產品建議開始，包含相關法律手續的辦理及合約製作等在內，每服務一名客戶都得付出三千美元的成本，以致原來期望能開拓年輕客群的服務反而成了不符合成本效益的服務。

但在引進「華生」系統後，尤其是藉由將產品建議的所需時間大幅縮減至二十至三十分鐘，順利達到人事費的削減。其結果讓銀行也能夠針對資產淨額（net asset）較少的客戶提供服務，成功達成原先想要開拓新客源的目標。至於以前只靠人力來應對，因過於耗費成本，僅應用於部分市場的高度服務也藉由AI的輔助，得以成功拓展服務範圍。

法規監管科技（RegTech）

隨著雷曼衝擊後的法規強化，與金融機關有關之法規範疇的擴大，作為管理對象的資料顆粒度也變得更為細小。這讓歐美金融機構面臨了法遵（compliance）、法規監管成本增加的課題。

於這般背景下，名為RegTech的解決方案就此問世。RegTech一詞是結合了「Regulation」（法規）和「Technology」（科技）的新造詞，亦即透過ＩＴ的運用，來達到法規監管的目的。

二〇一三年，總部設於瑞士蘇黎世的瑞士信貸銀行（Credit Suisse），為了監控非法交易，決定採納 Digital Reasoning 所提供的解決方案。

Digital Reasoning 原本是間與五角大廈及美國陸軍國家地面情報中心（NGIC）等國防部部門協同合作的企業。自二〇一二年起，該企業的解決方案被引進民間部門，並於二〇一四年，如高盛集團（Goldman Sachs）和瑞士信貸銀行等金融業龍頭也成了他們的客戶。

Digital Reasoning 的另一套解決方案 Synthesys，能夠透過自然語言處理技術和機器學習的運用，來分析多達數百萬封的電子郵件、簡訊，或電話通話內容等資訊。具體而言，該ＡＩ系統可隨時分析員工是否有可能在進行非法交易之可疑的發言或行動（與人的關連性）。

瑞士信貸銀行雖然耗費了約六個月的時間來引進Synthesys，卻也因而得以在事前就避開由未經承認的交易錯誤，或員工高風險行動所引起的問題。

第 4 章

看準AI未來的企業們

01 RIN 運算

圍繞 AI 的兩項主軸

野村總合研究所認為，二〇三〇年將會實現的資訊技術特徵，有以下三項要點：

①R：與真實世界（real world）的融合
②I：智慧（intelligent）化
③N：自然界面（natural interface）的實現

藉由這三項技術讓人類與機器得以共存，並作為得以帶來企業活動的變革或實現富足社會的技術，而取其頭一個英文字母，延伸出RIN運算的概念。

而在這三項主軸中的智慧化，便是指本書所探討的AI。若提及今後資訊技術的進化，AI絕對是項不可欠缺的技術。再者，有關需要智慧化之資訊的基礎來源，那就是稍後會提到，藉由與真實世界的融合而獲得之物體的資訊，以及從自然界面所得到的使用者資訊。

構成RIN運算的三項主軸技術，如同在支持智慧化的主軸般，其他兩軸具有互補關係；而同時，智慧化的效果也再次回饋於其他兩軸，有助於與真實世界的融合，以及自然界面的發展。

其中一例，即為本書第二章所提起的實用化研究正在急速進展的自動駕駛。谷歌無人車問世當時，必須仰賴龐大規則及由複數掃描儀繪製而成之高精度地圖的自動駕駛技術，因深度學習等AI的進化，還有物體資訊與使用者資訊的結合，迎向了戲劇性的變化。隨著可透過語音來操控汽車，並將行駛中的影像拿來作為學習資料，甚至連駕駛方式都有可能自行學習。

本章將會介紹與AI並駕齊驅，作為今後資訊技術之關鍵技術的RIN運算。另外，也會列舉數個先進科技的實例，讓大家對於今後企業除了AI外，也應當具備的技術，能有更深的瞭解。

與真實世界的融合

生活周遭的所有物體都紛紛被數據化，開始應用於產品或服務。在這背後，除了有掃描儀的高機能化、小型化及低價化外，更有了將掃描儀和網路合為一體的晶片問世。根據思科系統（Cisco Systems）於二〇一五年所完成的白皮書《物聯網》（*The Internet of Things*）指出，二〇一五年連上網路的裝置估計約有二百五十億部，而預計到了二〇二〇年，數量將會倍增至五百億部。

以往分散各處的資料統統都經由網路彙集起來，並透過系統加以分析，而得以正確解讀出比起以往數量更為龐大，且類別也更為廣泛的資料之間的關係。由此所獲得的知識，不僅可改善既有產品，亦可成為發展出新服務的基礎。在此所謂的與真實世界的融合，是指隨著「物聯網」（Internet of Things，縮寫為IoT）的發展，讓由出自服務或產品的資訊所形成的「網路世界」與「現實世界」緊密相連，藉此提高價值。

在與真實世界的融合中，存有系統前端（front-end）和系統後端（back-end）這二個端點。前端是與人接觸的接點，換言之，就是指鄰近介面的系統；而後端則是指為了實現服務或機能，用來執行具體作業處理的系統。

與真實世界的融合中，說起前端的具體實例，那就是已於本書第二章介紹過的喇叭端子「亞馬遜智慧音響」。該音響的優點在於，它不只是具有遠端語音辨識的機能，更是鼓勵其他企業開發語音服務的商業模式。

相對於早一步將語音服務推廣於世的Siri，不向其他企業公開其機能的細節，只應用於自家公司所推出的服務，亞馬遜不僅積極地將資訊提供給其他企業，同時也承認由其他企業所開發的服務。當然，如同智慧型手機的應用程式那般，雖說會有某程度的審查，但可以推行免費的服務，例如，連鎖比薩業龍頭所推出的點餐服務，或是金融機構所推出的帳戶管理服務等，開發出了許多各式各樣的服務。

自正式販售一年後的二〇一六年六月，有高達一千項的技術（適用於亞馬遜智慧音響的服務）被開發出來，簡直銳不可當。再者，亞馬遜智慧音響更是抽離了喇叭的軀體，化身成名為Alexa的服務，相繼被應用於亞馬遜以外的第三方電器製品。到了二〇一七年，福特汽車（Ford Motor）終於在自家公司的汽車導航系統中引進Alexa服務，讓亞馬遜就此打入家庭外的市場。

亞馬遜藉由智慧音響，成功建立起語音服務的商業生態系統（business ecosystem），將原本早一步推出語音服務的蘋果和谷歌遠遠拋在後頭。亞馬遜繼搜尋紀錄及社群媒體之後，似乎也有意成為大數據及語音資料的支配者。

另外，搭載亞馬遜智慧音響或 Alexa 服務的裝置，因為透過亞馬遜成為購入商品的接點，對亞馬遜而言，這也可說是挺進家庭的外售店鋪，確保了競爭對手難以設店的超一級商區。

換言之，這便是將名為線上購物中心的假想世界與我們所生活的現實世界連結在一起的「與真實世界的融合」。而與亞馬遜相互交手的沃爾瑪（Wal-Mart）等競爭對手們，勢必也會對於亞馬遜 Alexa 商業生態系統的拓展，感到戒慎惶恐。

剛開始時，由於碰到語言問題，Alexa 的服務僅限於北美等英語圈；但隨著時間的經過，Alexa 在改變面貌的同時也新增了可應對的語言，將服務拓展至全球指日可待。

與真實世界融合的後端具體實例，就是由通用電氣所推出的工業網際網路（Industrial Internet）。以往，在通用電氣所擅長的工業機器領域中，都是以販售產品的營業額和售後服務為主要的收入來源。然而，因應耐用年數進行定期維修的售後服務，由於缺乏附加價值，即便是在堪稱為通用電氣之專業的飛機引擎領域，近年來也逐漸被第三方的低價維修服務所取代。對此，通用電氣為了奪回服務高度化的業務，因而推出了運用工業網際網路的預防維修（preventive maintenance）服務。

所謂的預防維修，並非定期更換機器的零件，而是找出故障的徵兆，擬定維修計畫並加以實施。並且為了即時找出徵兆，則運用了加裝在機器上的掃描儀，以及設置在雲端上的解析系統 Predix。該服務所帶來的好處，除了不可預測之當機時間（down time，由故障所引起的停止運作）的最小化外，藉由在不會損及安全性的情況下，進行作業次數的最佳化，以及維修服務作業員之工作速率的平準化，也得以達到服務的低成本化。

於運用工業網際網路的服務中，也有與政府機關合作的例子。那就是巴西高爾航空（Gol Transportes Aéreos）的實例。巴西面對二〇一四年的世界盃足球賽，以及二〇一六年的奧運等賽事的舉辦，勢必得因應觀光客的增多。但機場卻已達到飽和狀態，導致飛機起降效率的提升成了當務之急。因此，通用電氣針對航線做了詳盡的分析，並與政府合作，開發出了可修正標準航線及進行航線最佳化的導航系統，成功讓數量多於以往的飛機順利起降。這也可說是取自物體的數據，驅動了航線這屬於現實世界之龐大機制的實例。

通用電氣不僅向第三方釋出，為了自家公司的產品及服務而進行研發的Predix 系統，更祭出了下一步棋——於二〇一六年收購了以機器學習為強項的 Wise.io 公司。

Wise.io 公司應用天文學的解析手法，開發了可從大量資訊中進行高速分析，找出相關性的系統。通用電氣於 Predix 系統中引進該機能，期許能夠大幅強化智慧（intelligence），亦即 AI 的部分。

自然界面的實現

因 AI 的進化，語音辨識和自然語言處理技術也跟著有了顯著的發展，進而於二〇三〇年實現「能夠與人對話的自然界面」。以往，人類都是配合機器使用鍵盤或滑鼠，以機器所能接收的形式給予資訊。不過，今後將得以透過語音及肢體動作等，讓機器配合人類來接收資訊，甚至還可獲得更為詳盡的人類相關資訊。如此一來，機器便能夠針對不同的狀況，採取適當的應對。

美國新創企業 HelloGbye，提供了可以自然語言進行預約的旅遊門房服務的測試。好比說，一旦下達：「從明天起，我想要到亞特蘭大進行三天兩夜的旅遊。飯店要訂市區四星級，價格在一晚二百美元以內，有附早餐。回程則是想搭下午三點以後起飛，直達紐約的班機，靠通道的座位要是客滿，那就改搭晚一班的班機。」系統便會自動排出符合需求的旅遊方案，並提供相關預約的服務。而 HelloGbye 目前也正在著手籌畫，期望未來能有個如同能幹的祕書（管家）般，可根據委託者的嗜好或行程，自動提出旅遊方案或進行預約的服務。

隨著自然界面的進化，人類與機器相互協調，進行作業的畫面必定將越來越常見。

02 四次元企業的問世

四次元企業的四個類型

野村總合研究所針對將服務和產品製造的核心與IT技術融合，藉此來推展業務的企業，以「四次元企業」這個新造詞來表示之。為了成為四次元企業，在IT技術方面，若不是得具有構成RIN運算的三項要素，就是要能夠有效運用其中的一部分要素。接著，在此將四次元企業的四種類型整理如下（圖表4－1）：

- 產業創造型：創造出全新產業，並具有可視情況破壞既有商業模式之衝擊力的企業。
- 服務型－：藉由IT技術的應用，從服務企業轉型為追求服務高度化的

圖表 4-1　四次元企業的概念圖

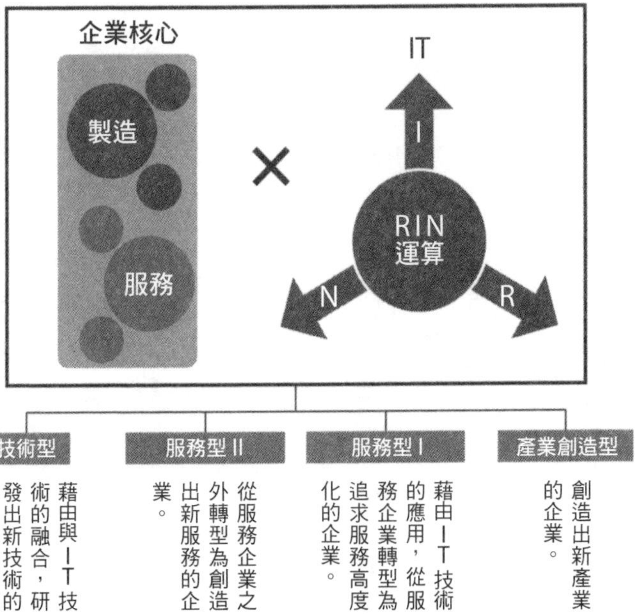
企業核心
製造
服務
IT
I
RIN
運算
N
R
技術型
藉由與IT技術的融合，研發出新技術的企業。
服務型 II
從服務企業之外轉型為創造出新服務的企業。
服務型 I
藉由IT技術的應用，從服務企業轉型為追求服務高度化的企業。
產業創造型
創造出新產業的企業。

（出處）野村總合研究所

企業。

・服務型 II：從服務企業之外，以產品製造為強項的企業，轉型為創造出新服務的企業。

・技術型：藉由與IT技術的融合，研發出新技術的企業。

「產業創造型」包含了如優步或Airbnb等這類以新的構想為基礎來振興業務的企業在內。「服務型」可分成I型和II型；尤其是II型包含了企圖從傳統製造業轉型的企業在內。至於「技術型」，相對於產業創造型和服務型的四次元企業，扮演著提供作為利器之服務或產品的角色。

汽車產業中的四次元企業

為了讓大家對於四次元企業有更深一層的瞭解，在此將以汽車產業為例作說明（圖表4-2）。

之所以會舉汽車產業為例，乃是因為該產業從販售成品車的企業，直至販售零件的供應商等統統都含括在內，不僅產業結構龐大，企業種類也相當多彩，足以用來作為各類型之四次元企業的例子。

圖表 4-2　汽車產業中的四次元企業之例

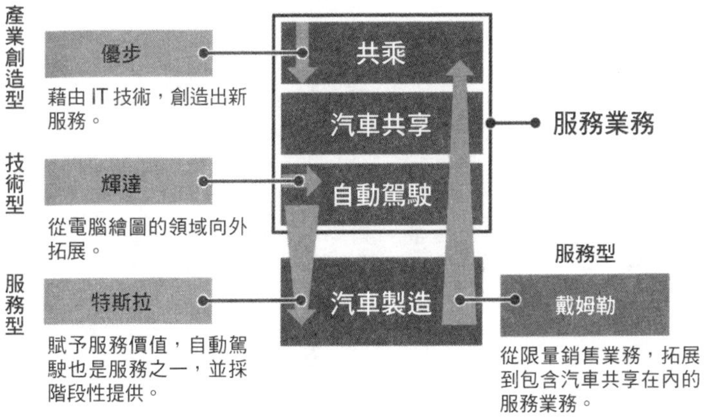

（出處）野村總合研究所

產業創造型：優步

就優步創設出共乘（ride-share）的全新業務這一點來看，可說是產業創造型的四次元企業。推出共乘服務的優步，透過汽車所有者和想以車代步者的媒合服務來推行業務。優步的使用者只要使用智慧型手機專用的應用程式，輸入想搭車的地點和目的地，便可靜待駕駛的到來。從未見過面的彼此相互確認名字，簡單打過招呼後，就往目的地出發。付款是利用事先登錄的信用卡於線上結帳，與駕駛之間絕不會有任何的金錢交易。

而使用過服務後，駕駛與使用者必須相互給對方評分，例如，若留言表示駕駛開車粗暴或車內清潔不佳，駕駛的評分就會變差。這份評分不僅會影響到優步派車的條件，也會影響到可收取的車資。因為有這樣的評分制度，對使用者而言，能夠搭乘舒適的轎車前往目的地，這也是個新穎的乘車體驗。

另一方面，對駕駛而言，可善用空檔時間，開著引以為傲的自家車來賺取外快。由四次元企業所創設出的新產業，擁有一個特徵，那就是如優步的實例這般，這並非是既有的產品製造，而是賦予服務價值，並以建設好的平台為利器，來拓展業務。

優步所推行的業務，不只停留在汽車的媒合，最近也拓展到了包裹運送及餐廳餐點外送的領域。除此之外，他們也將所蒐集到的資訊有效應用在都市計畫的改善等，設置了名為Movement的網站，公開發布有關交通狀況的資訊。

服務型 I：特斯拉汽車（Tesla）

特斯拉表面看似與其他汽車廠商一樣，都同屬於製造業，但該公司的強項其實是在軟體，同時也具有服務企業的一面。事實上，特斯拉所生產的汽車被稱為Software-Defined Car（軟體定義汽車），能夠透過軟體的更新來改善汽車的性能及機能，有時甚至還能追加新機能。

以往的車輛，在販售時性能已達頂點，若想要油耗表現更好的車款，或是開起來更輕鬆的車款，只能改買其他車輛。不過，特斯拉在客戶買了車後，則可透過車用電腦的軟體更新來提供新機能。為此，特斯拉作為從服務企業轉型為追求服務高度化的企業，確實可以說是汽車產業中，屬於服務型 I 的四次元企業。

服務型ＩＴ的四次元企業，也可說是高度運用ＩＴ技術的企業。這類型的企業並非將產品的機能做成硬體，而是看準將來機能的提升及服務的高度化，特意藉由軟體來實現。這般做法，雖說有時在性能方面可能會不及硬體，但使用者的期待，並非在於購買時數個百分比的性能優劣，而是在於之後得以提升便利性的服務。

有關這部分，特斯拉在搶先推出自動駕駛輔助機能實用化，引發話題的同時，也開始重新推行太陽能發電的事業。至於他們的下一個目標，大概就是電費的最佳化（低價化）吧。特斯拉重新經手能夠裝設於住家的高品質太陽能板及蓄電池，並建設由自家公司經營的太陽能發電廠，然後又利用最擅長的軟體技術來即時掌握無數輛自產車的蓄電池狀況，好進行電力的調整。如此這般，特斯拉不斷地擴張事業領域，藉由ＩＴ技術，持續進行服務高度化。

服務型II：戴姆勒（Daimler AG）

戴姆勒是製造並販售賓士車款的世界級汽車廠商。他們早已突破製造業的框架，開始著手進行結合ＩＴ的嶄新服務業務。其中一例便是戴姆勒從CAR2GO開始做起的汽車共享（car sharing）業務。戴姆勒之所以會推行汽車共享，並非只是單純針對近年來持續進展的不開車現象所提出的對策。在這般背景下，主要是為了因應歐洲都市停車位不足的問題，以及民眾期望能夠輕鬆用車的需求。如此這般，戴姆勒運用ＩＴ技術，意圖從非服務業的企業轉型為服務業，則可說是汽車產業中屬於服務型II的四次元企業。

CAR2GO與其他汽車共享服務不同，不需做煩人的預約登錄，只要註冊會員就能在當場解鎖使用位於站點的車子。如果指定區域裡面有空的站點，在哪裡停放都無所謂。另外，按地區的不同，除了專用站點外，與自治體合作的公共停車場也能免費停放。支撐起這般方便服務的就是ＩＴ技術。使用智慧型手機的APP隨時都可以確認在街上的站點，空車狀況也一目了然。作為街上「輕便搭乘」的交通工具CAR2GO，過去以歐洲主要都市為重心拓展服務，而北美與中國也開始了這項服務。

服務型II的四次元企業的特徵之一，便是藉由運用IT技術的服務來解決自家產品所碰到的課題。明明是製造業，卻仍傾力於服務的提供，原因主要有二：一是近年來許多業界所面臨到的產品的大宗商品化（commoditization）。零件的大宗商品化，讓產品容易被模仿，以致在價值訴求上越來越窒礙難行。二則是使用者所追求的價值已不在機能的豐富性或性能的卓越性，而是轉移到了如完整售後服務所帶來的安心感，或是在購入產品時所得到的支援等這類的附加服務。大宗商品化的趨勢，對戴姆勒而言也不是例外。而電動車的普及，更是促進了這般現象。因此，為了保有優勢，便將利器轉移到軟體上。

如今，自動駕駛越來越具有現實感，對於汽車的評價將不再停留於以往所重視的行駛流暢度或設計感，靠構想來決勝負的時代即將到來。

技術型：輝達

輝達於九〇年代，以製造電腦用繪圖處理晶片的企業起家，長久以來都是定位在電腦零件廠商，或遊戲機零件廠商。然而，於二〇一六年這一年內，輝達的股價上漲了約三倍；到了二〇一七年，輝達則在年初所舉辦的全美最大消費性電子展（Consumer Electronics Show，縮寫為CES）上發表主題演說，突破了僅作為零件廠商的框架，大為活躍。這是因為輝達很快就建立起了如深度學習等AI的硬體平台。輝達的技術並不僅止於繪圖處理領域，也得以應用於需要大量矩陣計算（matrix calculation）之大型結構的模擬。這種應用方式，也適用於本書第一章曾介紹過，被稱為GPGPU，用來執行深度學習的計算。輝達很快就觀察到這一點，隨即支援可用於深度學習之函式庫（li brary）的開發，並於二〇一六年，發表了名為DGX-1的ＡＩ專用超級電腦。他們的眼光不再只停留在以往的電腦業界，而是看準了汽車所用的繪圖處理晶片，以及即將到來的自動駕駛時代，將目標放在車用電腦上。如同全球的電腦都採用輝達的晶片，讓營業額有了飛躍的成長般，如果全球的車輛也都搭載他們的晶片，所帶來的衝擊將不可勝計。

輝達早已著手開發運用深度學習的物體辨識技術，並發表了自動駕駛車用電腦系統——「DRIVE PX系列」。這項產品被特斯拉汽車所採用，而且還跟奧迪（Audi AG）攜手研發自動駕駛技術，頓時成了汽車業界密切關注的焦點。像這樣，輝達利用自家公司強項的核心技術，成功從電腦業界跨足到其他業界，並掀起自動駕駛等改革風潮，確實可說是汽車產業中屬於技術型的四次元企業。

技術型的四次元企業，若能與其他四次元企業合作，便能提升其價值。例如，輝達與屬於技術型四次元企業的特斯拉合作，成為共同開發自動駕駛的夥伴。原本就以技術為強項的企業，藉由進行自家公司核心競爭力之產品的性能及機能的高度化，便能提升其價值。

輝達以前作為繪圖處理晶片廠商，以處理性能為準則，與同業的其他企業展開競爭。不過，他們與其他晶片廠商不同的地方，則是在於透過與四次元企業的合作，及早發現到了自家公司產品所擁有的新價值。所以說，單純的技術性企業能夠成功轉型成技術型四次元企業的關鍵，就在於積極與其他業種的企業合作所帶來的革新。

汽車產業的未來與開放式創新（open innovation）

以汽車產業為例，針對四次元企業的類型做了上述的整理。從中我們可知，來自該產業既有業務的價值轉移。突破汽車製造的產業框架，並預見價值的主戰場必定會轉移到服務業務的領域。如同電腦和行動電話之前所歷經過的，隨著製造本身的高度化，產品的大宗商品化，在性能上將越發難以做出區隔。因此牽引汽車產業的廠商，為了進行使用者移動體驗的高度化，勢必會傾注全力於服務的推行。

在不久的將來，隨著自動駕駛技術的實用化，人們在車內的時間運用方式，必定會有極大的改變。針對這段空閒時間，新服務的誕生自是可想而知。甚至，連貨車送貨也可透過自動駕駛及高速公路車流量的調節，安全並準時地抵達目的地。只要稍微動腦想像一下，能夠改善日常生活的構想數也數不盡。

而另一方面，有關支持新服務的技術，技術型的四次元企業便扮演著相當重要的角色。面對使用者的訴求，為了實現構想，並不是得耗費好幾年的時間在技術開發上，而是要具有得以看透技術本質的鑑別力，以及能夠做到結合的工匠之力，這才是今後派得上用場的。因此，突破原有業務夥伴的框架且擁有技術的企業，與需要技術的企業之間的合作，亦即開放式創新的推行，可預想得到，今後將會更加活絡。

如何進化成四次元企業

若要成為四次元企業，誠如先前所述，自家公司的服務或製造的核心部分必須與構成RIN運算的IT技術做結合。再者，RIN運算是由三項主軸構成，中心主軸是智慧化，換言之就是AI技術；而促進其進化的，則是其他兩支主軸。

話雖如此，想要創造出四次元企業真正價值所在的新技術或服務，單只有技術是不夠的。誠如在汽車產業實例中所看到的，還需要能夠突破企業之間的框架的合作，以及開放式創新的推行。這也就是說，突破原有夥伴企業的框架、產業的高牆，與所有企業合作的「機制」，正是成為四次元企業的關鍵所在。

而參考這項「機制」建立而成的，便是多邊平台（multisided platform）。所謂的多邊平台，是指將屬於不同產業的企業和使用者直接連結在一起，用來創造各種價值的共通基礎。例如，將想販售商品的店家與想購買商品的顧客連結在一起的購物網站，就是多邊平台的一例。不只在線上，又如不動產龍頭公司所開辦的大型購物中心，作為提供娛樂、購物、學習，以及特別企畫的活動等極富吸引力之價值的場所，也可說是多邊平台的一例。

至於多邊平台的經營得以獲得成功的要素，則是參與在平台之中的使用者人數、企業數量，以及多樣性。好比說，通用電氣向其他企業釋出Predix，促進了應用程式的開發。又如輝達這類屬於技術型的四次元企業，也將自動駕駛車用電腦系統「DRIVE PX」作為平台來進行研發，並積極鼓勵汽車廠商加以運用。要成為成功的四次元企業，若不是自行成為多邊平台的支配者，就是得參與在其中。

筆者認為，透過多邊平台獲得新的市場、顧客和夥伴，正是成功者的典範之一。

第 5 章

AI會搶走人類的工作嗎？

01 超過四〇%的工作可能會被取代？

野村總合研究所於二〇一五年十二月，與英國牛津大學的麥克・A・奧斯本（Michael A Osborne）副教授，以及卡爾・貝尼迪克特・弗雷（Carl Benedikt Frey）博士共同進行研究，針對日本國內的六百零一種職業，分別試算出各職業被ＡＩ或機器人取代的機率。

其結果顯示，推測十至二十年後，在日本勞動人口中，約有四十九%的工作，在技術上很可能會被ＡＩ或機器人所取代。那麼，日本將來會出現許多失業者嗎？

白領階級業務也可能會被取代

有關野村總合研究所做出的這份研究結果，在此將說明得更為詳盡。

首先，奧斯本副教授除了在日本進行外，也曾在英國和美國做過同樣的研究，分別得到三十五％和四十七％的數據。再者，這次的預測，是先推算出一個人所負責的業務有很高的機率（六十六％）可改由電腦來執行（在技術上被ＡＩ或機器人所取代）的人數，然後再計算出該人數在整體就業人數中所占的比例。

那麼，具體而言，究竟什麼樣的職業容易被ＡＩ或機器人所取代呢？取代性高的職業有：一般行政人員、銀行櫃檯人員、警衛、電車駕駛員、汽車組裝工人，以及報關人員等。另一方面，取代性低的職業則有：室內設計師、經營顧問、雜誌編輯、幼教人員、照護管理師、學校輔導員以及外科醫師等。

這次的研究在取代性高的職業這部分，應當留意的要點有二：一是以往認為電腦難以取代的白領階級業務，也逐漸得以被取代；二則是相對收入較高的律師、代書，或法律相關的專利師等，也是屬於取代性高的職業。雖說這些職業需要高度的專業知識，以往要由電腦執行自動化實有困難，但若是比較形式化的業務，則很有可能由電腦代為執行。

根據法律相關顧問公司 Altman Weil，於二〇一五年以美國律師事務所幹部為對象所實施的調查結果指出，有三十五％的人認為，ＡＩ將在十年之內取代新任律師業務。另外，也有人認為，在律師的監督下，負責形式性、侷限性法律業務，並協助律師處理業務的法律助理（paralegal），所需人數將在十年之內減至一半。

事實上，美國貝克豪思律師事務所（BakerHostetler）早已引進 ROSS Intelligence 的解決方案，提供該事務所律師有關破產方面的法律諮詢。

ROSS Intelligence 的解決方案是利用ＩＢＭ「華生」的自然語言處理技術，面對律師所提出的問題：「原告若於其他訴訟中提出請求，可解除強制執行的自動停止嗎？」將同時提供答覆、作為其根據的引用條例，以及答覆的機率。

另一方面，同樣是需要高度專業知識的職業，如醫師或教師等，像這些除了得處理資訊外，還需要直接接觸人體，與人進行軟性溝通的職業，其取代性就比較低。有關醫師業務的部分，如同前述，已開始引進新的科技，讓如ＩＢＭ「華生」等ＡＩ閱讀大量論文，協助醫師進行診斷。如此這般，有關某特定職業或業務的發展，電腦或機器人是否會帶來莫大的影響？而在工作的取代上又會造成什麼樣的影響？倒不是說一定會完全一致。

再者，從這次研究的結果可看出，取代性低的職業多半具以下特徵：需要創造力或溝通能力、屬於非形式性工作，或是無法定義的非系統化業務等。

然而，若只靠這樣的觀點來選擇將來的工作，也會有問題。需要這些難以被取代之能力的業務，在勞動市場上不一定有很大的需求量。大家要是為了爭取不會被電腦所取代的工作，一窩蜂地跑去學藝術或歷史，卻由於社會這方面的需求並不多，實際上能否找到工作還是個問題。

又如溝通能力，因為有許多職業都需要這項能力，所以也很難單純將某特定的能力跟業種、業態連結。律師的工作也是如此。雖說從大量法律相關文件中找出必要的部分，是AI所擅長的領域。但與委託人相談，從中整理出問題點的作業，對現在的AI而言仍有難度。單就律師這一個職業來看，其中便有AI擅長的業務，以及AI不擅長的業務。

而按職業的不同，人類透過科技的運用，讓人、AI或機器人各別負責自己所擅長的領域，藉此提高生產力和品質的作法，將會是未來趨勢。

一般企業的課題在於引進成本

在這次的研究結果中，還有另一個需要注意的地方。那就是被取代的機率，終究只不過是指在技術上能被ＡＩ或機器人取代的可能性，並沒有針對實際的取代狀況來分析。這是什麼意思呢？就讓我們從客服中心的具體實例來瞭解吧！

近年來，運用ＩＢＭ「華生」等ＡＩ系統開發而成的解決方案，開始提供給客服中心使用，協助接線員回答顧客所提出的問題。由於現在的技術還無法讓ＡＩ直接回答問題，因此按目前一般的使用方式，ＡＩ所扮演的角色就像是接線員的助理一般。具體來說，工作內容有針對顧客的問題提供可能性高的回答候選清單，或是提醒接下來應當詢問的事項等等。

但未來在技術上，ＡＩ的能力有可能完全取代接線員的業務嗎？如大型金融機構等，由於客服中心所雇用的接線員人數都是以百人為單位，即便得投入數億日圓的資金，還是會選擇引進解決方案吧。因為，若能達到大規模的人員削減，AI的引進就具有高投資效果。

反之，若是接線員人數不多的企業，又是如何呢？用來開發跟客服中心的接線員做同樣工作的AI所花費的成本，與接線員的人數無關，而是會受到如顧客提問的多樣性等，對AI學習的知識量產生極大的影響。因此，即便客服中心的人數僅有十人左右，只要顧客提問的多樣性是跟大型金融機關一樣的，開發AI所需的成本也是一樣多。想當然耳，接線員只有十人的企業大概就不會引進AI了。

雖說在技術上無論哪一邊都有可能實現，但僅有十名接線員的公司卻不會採用。像這樣，認為人力比較便宜的公司想必也不少。對各企業而言，是否要引進AI取代某一項業務，不會只評估技術實現的問題，能否獲得高投資效果才是最大的論點。

所以說，這次研究結果所得到的數據，僅只表示在技術上能否取代人類的可能性。實際的取代狀況則會因引進AI或機器人所需的成本多寡，而有所不同。但願大家對於這部分都能有所瞭解。

AI運用程度與引進成效的關係

那麼，引進AI或機器人能帶來極大成效的領域，會是哪個領域呢？就現在而言，越能夠讓AI有所發揮的業種，引進的成效也會越好。

如谷歌或臉書等網路企業，在AI應用這方面，無疑是最積極推行的企業。谷歌早已將AI應用於超過一千五百項專案，如屬於語音對話型助理的「谷歌個人助理」（Google Assistant）或搜尋引擎等，多數以消費者為對象的服務均以運用了ＡＩ技術。

谷歌之所以會在這類以消費者為對象的網路服務中，率先引進ＡＩ技術，原因之一便是可獲得高引進成效及高投資效果。例如，在網路服務中存有好幾億的使用者，只要藉由運用ＡＩ的推薦，讓購物網站的成交率上升數個百分比，便能獲得龐大的收益。

另外，在日本，急速擴大引進ＡＩ的領域則是製造業。其中又以汽車產業引進ＡＩ的積極程度最令人瞠目結舌。二〇一六年一月，豐田汽車在美國設立了進行ＡＩ研發的豐田研究所（Toyota Research Institute）。不僅在五年內投入五千萬美元的巨額資金，更聘請在DARPA主持機器人專案的吉爾・普拉特（Gill Pratt）擔任CEO。除此之外，還有許多來自麻省理工學院，及史丹佛大學的第一線研究者參與其中，熱中程度可見一斑。如自動駕駛汽車或機器人等，將同一套ＡＩ應用在數量龐大的產品上，也是屬於投資比較容易回本的業務。

再者，利用這類有搭載AI系統的產品來取代某些業務，其所帶來的引進成效也是值得期待的。好比說，將自動駕駛汽車引進運輸業，帶來的AI引進成效之大已無需言語。

相對於此，有關在一般企業業務領域上的應用，則是仍處在摸索高投資效果領域的階段。現今的AI技術，在運用機器學習的模型開發上，以及在學習資料的準備上，都需要花費相當龐大的成本。為此，針對AI的引進，除了得評估在技術上能否有效支援員工或加以取代外，也得個別評估其帶來的投資成效。

至於學習資料的部分，按應用領域的不同，資料的顆粒度也會有差異。若是設置以消費者為對象的服務，只要是報紙或新聞等程度的一般知識就足以應付。不過，若是針對醫學、金融或法律等領域的服務，就需要相關業界的知識。

另外，若是企業所用的服務，不僅需要整理企業固有的業務知識，也需要運用這些知識的模型學習。如此這般，有關為各企業量身訂做之ＡＩ的開發，由於很難直接引進現成的ＡＩ，必須準備各企業獨自所需的資料來讓ＡＩ學習，自是容易加重成本負擔。

那麼，在這般情況下，企業今後該如何來面對ＡＩ或機器人的引進呢？在此，我們不妨先從技術層面及勞動市場的觀點，重新審視目前的現狀。

擴大職業取代可能性的「孩子ＡＩ」

至今為止，如電腦或工業機器人等，許多企業都在使用；可用來支援人工作業或取代人力，有時視情況甚至還可完成人類所做不到的事。像這樣，有些作業對人類而言相當困難，對機器而言卻很簡單。另一方面，也有些作業對人類而言連孩子都可輕易做到，對機器而言卻難以達成。

ＡＩ的研究者們稱這般現象為「莫拉維克悖論」（Moravec's paradox）。所謂的莫拉維克悖論，是指對電腦而言，比起成人做得到的事，反而更難以實現孩子做得到的事。這項觀點是在一九八〇年代，由漢斯・莫拉維克（Hans Peter Moravec）、羅德尼・布魯克斯（Rodney Allen Brooks），以及馬文・閔斯基（Marvin Lee Minsky）等ＡＩ研究者們所闡明的。莫拉維克表示：「相較起讓電腦接受智力測驗或下西洋棋，讓電腦學習一歲幼兒程度的感知和運動能力，反倒困難重重，甚至不可能辦到。」

ＡＩ研究第一人的東京大學松尾豐老師，將能夠像孩子在成長過程中牙牙學語，抓住物體使之移動等，懂得從經驗中學習的智能活動稱為「孩子ＡＩ」。反之，對於運用大數據、專業知識來進行開發，甚至連細微動作都經過設計的ＡＩ，則稱為「成人ＡＩ」。

「孩子ＡＩ」可說是能夠實現如莫拉維克悖論所提出的，那些以前的機器難以實現之事的ＡＩ。而現階段，藉由深度學習等先進機器學習的技術，已讓「孩子ＡＩ」得以實現。

以往被認為只有人類才做得到的各種作業，ＡＩ相繼都做到了。例如，根據視覺資訊來辨別咖啡杯和椅子、利用兩隻腳走路的機器人，或者是找出從臥房到客聽的路線等，ＡＩ都有辦法做到這些事。如此這般，隨著ＡＩ或機器人在業務應用上潛力的提升，可預期得到，ＡＩ用來支援現有職業或取而代之的可能性勢必也會跟著提高。

少子高齡化對策的ＡＩ運用

日本的少子高齡化，正以全球罕見的速度火速進展。在人口變遷的過程中，若考量到經濟和勞動環境，「工作年齡人口」（working-age population）將會是最大的問題。

「工作年齡人口」指的是年齡介於十五至六十四歲之間，可從事生產活動的人口。日本在自一九九五年的八千七百二十六萬人達到頂峰後，便開始逐年下滑。到了過了頂峰後第二十個年頭的二〇一五年時，人數已下滑至七千七百零八萬人，減少人數超過一千萬人。

遽聞，到了二〇三〇年，「工作年齡人口」預測將只有約六千七百萬人，而「工作年齡人口比率」則從六十三・八％（二〇一〇年）降至五十八・一％（二〇三〇年）。日本所要面對的，不單只是人口減少而已，連「工作年齡人口」也大幅下滑。放眼全球，日本是最早面臨這般課題的先進國家，為了解決這些課題，對於ＡＩ或機器人的應用，期待自是越來越大。

當然，少子高齡化的問題，不能只靠ＡＩ或機器人的應用來解決。針對勞動者減少的因應對策，便有人主張日本應該接納外籍勞動者。甚至連經團聯**（譯注：日本經濟團體聯合會的簡稱）**在二〇一五年的夏季論壇中，針對接納移民的議題也開口表示：「我們只能靠移民了。日本非得開啟（緊閉的）大門不可。」然而，人口減少所帶來的影響，除了藍領階級外，需要高度專業知識的白領階級也將會受到波及。因此，日本今後是否該以移民的方式來填補所需的人才，這已成了一項應當好好來討論的議題。

尤其是為了接納高階人才的移民，還得考量到日本對移民而言，是否為工作環境佳的國家？移民的一方自然也有選擇權，非得讓日本成為他們的不二之選。就以日本至今為止都沒有為接納移民做好準備的這一點來看，不禁令人感到困難重重。除此之外，若從薪資水準及長工時的觀點來看，也有不少地方難以勝過歐美。而這些問題都是我們必須要認真來思考的。

另外，按業種、業態的不同，人才的不足已成了當務之急的課題，而移民等制度的變更更是不能再等。根據帝國資料庫（Teikoku Databank）於二〇一六年所實施的調查指出，有三十七．九％的企業表示正職員工人數「不足」，亦即約有四成的企業都有正職員工不足的感覺。再者，認為非正職員工人數「不足」的企業則占了整體的二十四．九％。就業種來看，有關非正職員工的部分，繼「餐飲店」的七十九．五％之後，在「飲食品零售商」、「娛樂服務」、「旅館．飯店」，以及「維修．警衛．檢驗」等類別，也有超過五〇％的企業表示人才不足。

尤其是「餐飲店」、「飲食品零售商」、「旅館．飯店」和「維修．警衛．檢驗」這四個業種，對於非正職員工的部分，同樣也有超過五〇％的企業表示人才不足。

如此可見，無論是哪種雇用型態，都十分欠缺人手。因此，大型連鎖餐飲店很早就開始採取讓部分分店暫時休業，或是分時段休業的因應措施。這不禁讓人擔心，如這類情況今後勢必也會擴散至其他業種、業態。

02 人機共生越顯重要

現在，「孩子AI」不僅得以實現，對於以往不可能辦得到的業務，AI或機器人也有辦法做到。這樣的結果，讓日本所面臨的人才不足的問題，更有機會可藉由業務的效率化來獲得解決。除了一部分的業務外，現在的技術就成本或機能而言，雖說要利用AI或機器人來完全取代人類的業務仍有困難，但還是能夠以支援人類的方式來提高業務效率，且這般作法今後也會越來越盛行。

在短期內，與其擔心工作被AI或機器人取代的風險，更應該試著摸索出能夠藉由人類與機器的分工合作，以少於以前的人數來完成相同分量之工作的對策。

不過，為了打造出人類與ＡＩ或機器人得以分工合作的環境，在技術及制度的規畫上還有許多障礙要克服。在此，筆者將針對自然介面所扮演的角色，說明它如何從技術面來排除障礙，並支援人類與機器的分工合作。

由自然界面所實現之人類的能力擴增

今後，自然介面將如蘋果的Siri那般，除了以網路服務的形式來支援人類的生活和活動外，也得以擴增人類的能力。能夠獲得擴增的人類能力有兩種。一是如智力或感知能力等與資訊處理有關的能力，二則是如肌力等與運動有關的能力。

人類所感知的真實世界，可利用電腦及裝置的功能來加以擴增，而這項技術便是所謂的「擴增實境」（augmented reality）。例如，使用谷歌眼鏡（Google Glass）等裝置，便可在我們眼前所見的街景上，重疊顯示出住家或店鋪的資訊。像這樣，因為是以擴增真實世界的方式來提供資訊，所以才會稱之為「擴增實境」。而這項技術同時也可說是藉由裝置來擴增人類的感知能力，讓人得以新的形式來掌握真實世界的技術。

今後，隨著自然介面或谷歌眼鏡等這類可穿戴式裝置的進化，不單只有真實世界，連網路的資訊也可以在人有需要時，配合當時的情境來加以利用，讓人類智力或感知能力的擴增越發廣泛。

而人類能力的擴增，今後也將積極運用在運動相關領域。筑波大學所創辦的新創企業 Cyberdyne，研發出了一種能夠改善、輔助且擴增身體機能的半機械人（cyborg）型機器人——混合輔助肢體（Hybrid Assistive Limb，縮寫為HAL）。使用者只要將HAL穿戴在身上，便能使「人」、「機械」及「資訊」融合為一，既可作為身障者的輔助，也可讓人發揮出大於平時的力氣，甚至還能進行刺激大腦及神經系統的運動學習。例如，若穿戴上作業支援用的HAL，使用者在搬運重物時，便能大幅減輕腰部的負擔，輕鬆進行重體力勞動作業。HAL在人活動身體時，會判讀大腦傳送給肌肉的「生醫電訊號（bioelectrical signals）」，並按訊號的指示活動。換言之，HAL會根據使用者大腦所想的，來輔助該動作的執行。如此這般，HAL也可說是一種具有自然介面，能夠擴增人類運動能力的機器。

人類與機器的距離急速拉近

到目前為止，已向大家介紹了隨著自然介面的進化，作為個體的人，利用機器來擴增自身能力的可能性。同理，在企業等組織方面，也有必要針對具有自然介面的AI或機器人，該如何與人共同活動的部分來檢討。

透過自然介面，得以降低機器與人類之間的隔閡，擴大IT的高度應用。然而，就目前的狀況而言，必須事先整頓好可讓機器發揮功能的環境，或是機器在應用上需要人類從旁協助的案例仍舊不少。

好比說，長崎豪斯登堡的「怪奇飯店」（第三章），有好幾項業務如櫃臺接待及行李搬運等，都是由機器人取代人類來執行；而飯店為了引進機器人，就得事先在環境部分做好準備。具體而言，飯店在櫃臺設有一只用來知會員工旅客已填寫好入住資料的按鈕，好讓櫃臺接待的工作進行得更順利；同時也在飯店走廊上埋設標記（tag），協助負責搬運行李的機器人辨識通道。

另外，又如引進IBM「華生」應用於客服中心的大型金融機關，來電的顧客並不會直接與「華生」對話，而是由接線員從「華生」所提供的回答候選清單中選出最合適的一項。不僅如此，接線員也會評估「華生」所提供的回答是否適當得宜，協助建立用來提高「華生」回答品質的學習資料。

今後，由於機器都具有自然介面，人類與機器之間的距離將急速縮短。而這樣的結果，想必會為人類與機器帶來全新的共存關係。不過，若要讓這項共存關係有所作用，我們就得對人類與機器的特徵有充分的瞭解，並事先整頓出適合人類與機器分工合作的環境，以及致力協助機器學習。像這樣，對於由能力獲得擴增的人類與機器所組成的新團隊，相信各企業也會開始摸索，如何讓這個團隊得以發揮實力的業務執行方式。

03 放寬規定與立法的重要性

當AI和機器人的應用越發廣泛，我們所要面對的課題，除了技術外，如放寬規定或法律等制度的制定也是不可或缺的。

日本政府所提倡的《機器人新策略》

日本政府以刊載於《「日本再興政策」修訂二〇一四》中的「機器人所引發之新產業革命」的實現為目標，開辦了機器人革命實現會議，並於二〇一五年一月彙整出《機器人新策略》。日本政府針對《機器人新策略》進行檢討，主要是為了在少子高齡化持續進行、工作年齡人口逐年減少的狀況下，藉由機器人技術來解決在製造業生產現場、醫療照護現場，以及農業、營造和基礎建設作業現場等範圍廣泛領域中，所碰到的社會課題，如人才的不足、過度的勞動和生產力的提升等。

在《機器人新策略》中，針對實現機器人革命的政策及領域，整理出了以下三項行動方案：

①讓日本成為全球機器人創新據點之「機器人創造力的徹底強化」。

②以成為全球第一的機器人應用社會為目標，落實平時在日本各個角落都可看見機器人身影的「機器人的應用及普及」（機器人櫥窗化）。

③為了發展以機器人能夠相互連結、自主儲存及運用資料為前提的業務，來制定相關規則或取得國際標準認證，並以推廣至各領域為目標的「放眼全球之機器人革命的展開和進展」。

尤其是機器人櫥窗化的部分，更可期待藉此來提升日本整體附加價值及徹底強化生產力。因此，在鎖定於製造業、服務業、醫療照護、基礎建設．災害因應．營造，以及農林水產和食品產業等五大領域來推行的同時，也有必要從放寬規定和新訂規則的觀點來進行沒有偏頗的規則及制度的改革。特別是適度根據機器人實況和技術的進步程度，全面進行有關人類與機器人分工合作的新規則之制定，以及不必要規則的撤除。具體而言，檢討的項目有以下數項：

- 機器人相關無線電利用系統（無線電法）
- 運用機器人技術之新醫療儀器的審查期間（醫藥品醫療儀器等法）
- 有關機器人照護儀器之長照保險適用項目追加的受理及檢討等的彈性化（長照保險制度）
- 搭乘型支援機器人或自動駕駛相關規則（道路交通法、道路運輸車輛法）

- 無人飛行型機器人相關規則（航空法等）
- 公共基礎建設及產業基礎建設之維護維修的機器人應用方式（公共基礎建設維護維修關係法令、高壓瓦斯保安法等）
- 消費者保護機制（消費生活用製品安全法、電器用品安全法）

有關自動駕駛的法規制定

在這些立法中，自動駕駛汽車相關的立法則可說是最熱門的領域。現今的自動駕駛汽車若按其技術程度，可分成四個階段。第一階段是油門、煞車或方向盤的其中一項，由自動駕駛汽車來操作。第二階段是油門、煞車或方向盤的其中二項，由自動駕駛汽車同時來操作。第三階段是油門、煞車及方向盤的操作，全都由自動駕駛汽車來進行；但遇到緊急狀況時，則由駕駛員來操作。相對於此，第四階段則是包含緊急情況應對在內的所有操作，全都由自動駕駛汽車來進行。

至第三階段為止的準自動駕駛系統，由於並沒有牴觸現行法規或日內瓦道路交通公約（Geneva Convention on Road Traffic），因此在引進上並不成問題；但有關第四階段的完全自動駕駛系統，卻已超出了現行法規所既定的範疇。

目前，世界各國都是根據日內瓦道路交通公約（一九六八年所制定），或維也納道路交通公約（Vienna Convention on Road Traffic，一九四九年所制定）等國際條約來駕駛車輛。而這些條約都規定車輛內一定要有駕駛員。例如，日內瓦公約規定：「視為一個單位的行駛車輛或連結車輛內，都各需要一名駕駛員。」

至於採用日內瓦道路交通公約的日本道路交通法則規定：「車輛等駕駛

員，必須確實操作該車輛之方向盤或煞車等各項裝置，並因應道路、交通或該車輛等狀況，以不危及他人的速度及方式來駕駛。」

無人駕駛的自動駕駛汽車，現階段尚未上市販售。因此，目前的法規制度，雖然對一般的汽車駕駛而言，並不造成任何影響，但對開發自動駕駛汽車的廠商而言，卻是個不可輕忽的問題。因為自動駕駛汽車的開發，都需要在一般道路上進行行駛測試。然而若根據現行法規，屬於第四階段的自動駕駛汽車根本沒辦法在一般道路上行駛。所以，重視汽車產業的歐美各國都處在緊急立法的狀態。

配合這番趨勢，國際條約也重新做了調整。於二〇一六年三月所舉行的聯合國歐洲經濟委員會（UNECE）道路交通安全工作分會（WP.1）中，做出了一致的結論：「只要駕駛員具有控制車輛的能力，並處於可控制車輛的狀態下，即便駕駛員沒在車上還是可以進行實驗。」

而美國加州於二〇一六年九月，便公布了，即便駕駛員不在車上，只要具有可與遠端的操作者通訊的功能，便能申請車輛公路示範實驗及實用化的法規案。美國除了加州外，又如內華達、佛羅里達、密西根和夏威夷等州，也相繼為了自動駕駛汽車的測試而立法。由於加州是多間推行自動駕駛汽車開發的企業，如特斯拉及谷歌等的據點，能夠合法進行測試，無疑是有利於推行研發的一大促進劑。

至於日本，有關於限定地區實施由遙控型自動駕駛系統所提供之無人車運輸服務的公路示範實驗，目前正針對現行制度特別措施的必要性，以及安全確保措施進行檢討。而二〇一八年度，將開始進行由經濟產業省和國土交通省所主導之自動駕駛汽車長者接送服務等的示範實驗業務。如此這般，期望透過立法，當迎接東京奧運開辦的二〇二〇年時，便能開始實施如無人計程車等由民間企業所提供的服務。

對於道德問題的因應

為了自動駕駛汽車的實用化，除了必須與現行法規制度進行整合外，有關倫理道德方面的課題也得進行檢討。而其中最具代表性的問題便是「電車難題」（Trolley problem）。

所謂的「電車難題」，是一項「是否允許為了救某人而犧牲他人？」的倫理學思考實驗。具體而言，這問題是在詢問：當你看見一部失控的電車直衝而來，若讓電車繼續向前衝，在其軌道前方的五名作業員就會被輾死；但若在軌道的分歧點切換了它的行駛方向，同樣會有一名作業員被輾死。那麼，究竟該怎麼做才是正確的？

這難題若套用到自動駕駛汽車上，我們可試想一下下述的例子：若突然有人闖到自動駕駛汽車前面時，究竟是該抱著可能會讓駕駛員受傷的覺悟，轉開方向盤閃避行人？還是該以駕駛員的安全為優先，直接輾過行人？

有關這類問題，並不會有可以讓所有人都接受的正確答案。對於根據某種演算法或程式來採取行動的自動駕駛汽車而言，則有必要制定能夠因應各種狀況的規則。再者，有關事故發生時的責任歸屬，也得進行討論。針對第一階段和第二階段的自動駕駛汽車，駕駛員必須承擔事故責任的部分，這毫無議論餘地。不過，針對第三階段和第四階段的自動駕駛汽車，責任歸屬究竟是在汽車製造者還是駕駛員，這則是需要討論釐清的問題。

ＡＩ今後勢必會對我們的生活及經濟等造成極大的影響，藉由檢討有關這股影響力的預測及因應對策，將可使世界更加活化。

英國於二〇〇五年成立了由牛津大學哲學系當中數位專攻ＡＩ或氣候變遷等人類存亡風險的哲學家及倫理學家所組成的人類未來研究所（Future of Humanity Institute，縮寫為ＦＨＩ）。到了二〇一二年，劍橋大學人文科學研究所也設立了從哲學和倫理學角度來研究包含ＡＩ在內之先進科技風險的生存危機研究中心（Centre for the Study of Existential Risk，縮寫為CSER）。

而美國，於二〇一四年創設了生命未來研究所（Future of Life Institute，縮寫為ＦＬＩ）。ＦＬＩ是以麻省理工學院及哈佛大學的所在地波士頓為活動據點，支援有關人類如何控制ＡＩ等新技術的研究。而一再呼籲ＡＩ危險性的伊隆・馬斯克（Elon Reeve Musk）捐贈十二億日圓給該研究所一事，也成了眾所矚目的焦點。

以ＡＩ發祥地自豪的史丹佛大學，也於二〇一四年設立了人工智慧百年研究專案（One Hundred Year Study on Artificial Intelligence，縮寫為AI100）。AI100主要是以提供跨領域研究人工智慧對於社會或經濟直至百年後之長期影響的相關材料為目標。其研究成員之中也有法律專家，而探討的主題也相當多元，如ＡＩ對法規制度、道德倫理及經濟政治所帶來的影響，或是人類與機器的共存方式等。

至於日本，則於二〇一四年，在人工智慧學會中設置了倫理委員會，並在二〇一六年所召開的全國大會上發表了倫理規範（code of ethics）。這份倫理規範是由「對人類的貢獻」、「誠實的舉止」、「公正性」、「不斷的自我鑽研」、「查證與警示」、「社會的啟蒙」、「法規制度的遵守」、「對他人的尊重」、「對他人隱私的尊重」，以及「說明責任」等十個項目所構成，主要是用來作為人工智慧技術研究開發的指南。

如上述這些行動，並非僅止於學術界，也逐漸開始拓展至產業界。二〇一六年九月，臉書、谷歌、谷歌旗下的DeepMind、微軟、亞馬遜，以及IBM等六間公司，成立了以ＡＩ普及為目標的非營利組織「造福人群和社會的人工智慧夥伴關係」（Partnership on Artificial Intelligence to Benefit Pe ople and Society，簡稱 Partnership on AI）。該組織以宣傳AI對人類的貢獻及其安全性，以及共享AI的典範實務（best practice）為目的。

在日本，除了人工智慧學會外，在政府主導下，也開始進行有關AI普及的課題檢討。但若從檢討成員的多元性或論點摘出的部分來看，則是歐美搶先於前。

今後，有關AI或機器人普及之課題的明確化，以及解決方案的探討，同時也為了減輕AI相關產品或服務在進出口時可能產生的風險，筆者認為日本應當積極促成與海外研究機構的合作。

智慧財產權的問題

隨著AI性能的提升，針對AI創作物的著作權認定也將成為問題。問題點在於，當ＡＩ創作物在性質上與人類創作物毫無不同時，那智慧財產制度又該如何看待ＡＩ創作物呢？

根據現在的智慧財產權法表示，作品在創作的同時，著作權也跟著產生，且著作權是歸屬創作主體的。此外，所謂的作品，著作權法的定義是「以創作的形式表現出思想或情感的成品」。因此，在現行制度下，普遍認為ＡＩ自主製作出的製品（ＡＩ創作物），因為不具有思想或情感的表現，並不符合作品的定義，所以也就沒有著作權的產生。

然而，近年來ＡＩ的持續進化，在音樂、繪畫和小說等領域，早已有許多在性質上不輸人類創作的作品問世。像這樣，ＡＩ所創作的作品若就這麼讓人免費複製，真的不會有任何問題嗎？

面對這般問題，政府在政策會議「智慧財產策略本部」上做了檢討。政策會議以「新業務創造與智慧財產制度（創新與智慧財產權保護的平衡）」為論點，誠如以下所述，今後對於ＡＩ創作物，也應當以保護智慧財產的方向來進行檢討。

- 若是著眼於透過提供給市場來獲得價值，具有一定「高價值」的ＡＩ創作物，從與之相關者的投資保護與促進的觀點來看，必須針對其智慧財產保護的形式進行具體的檢討。
- 建造可進行製作的人工智慧，有關在重要大數據的蒐集及運用上占有優勢的平台，包含商業模式的實況掌握等在內，必須針對其影響力進行調查及分析。同時，為了促進大數據的儲存、應用，也得針對資料共享之前例的創造，以及資料共享的相關契約形式進行檢討。
- 有關ＡＩ創作物等新資訊財產與智慧財產制度的關係，若從引起國際議論的觀點來看，得致力向海外發布有關我國的檢討狀況。

另外，今後這類問題將不再僅限於藝術性創作物或作品，在醫藥品或科學發明等與專利有關的領域，也可能會產生問題。透過制度的設計，擁有龐大計算資源的企業或開發高性能ＡＩ的企業，也有可能自動生產大量的創作物，獨占智慧財產。

針對ＡＩ進化的制度設計，由於難以預測得到其所帶來的影響，未來也有可能會窒礙難行。但這類的制度設計，對於今後欲將運用ＡＩ或機器人所開發出的產品和解決方案推向海外的日本企業而言，也是個相當重要的主題。如自動駕駛汽車或與人協同動作的機器人等，對日本而言甚為重要的產品，期許能透過策略性的制度設計，進而成為國際標準。

第6章

日本有勝算嗎？

01 什麼是奇點

隨著ＡＩ的進步，認為總有一天「ＡＩ將超越人類的能力，奇點勢必會到來吧？」的預測也逐漸深受矚目。而所謂的奇點，究竟是什麼呢？奇點的英文為singularity，這詞彙是數學界及物理學界的用語，意指在某基準下，該基準無法適用（singular）的點的總稱。所以說，奇點必須具備某一基準，通常都是以「在~的奇點」或「~的奇點」等形式來使用。

說起宇宙物理學所使用的奇點，最著名的便是黑洞（black hole）。一般認為黑洞存有一個密度及重力趨於無限大的「重力奇點」（gravitational singularity）。在「重力奇點」之中，連時空也無限扭曲，根本無法適用我們所生活的這個世界的時間和空間的基準。

技術奇點（technological singularity）

這般奇點的觀點被引進技術進步的世界，初次將「技術奇點」的概念推廣於世的人，是既為數學家也是作家的弗諾・文奇（Vernor Steffen Vinge）。文奇於一九九三年，在名為《技術奇點即將到來》（*The Coming Technological Singularity*）的隨筆中表示：「藉由即將到來的技術奇點，新的超級智慧（super intelligence）將持續自我更新，以技術上所不能理解的速度不斷進步，並宣告人類時代的結束。」現在，若以ＡＩ的脈絡來述說奇點，便是指這個「技術奇點」。

奇點這個詞彙是早在二十多年前就有的概念；而今日對奇點之關注的高漲，乃是起於未來學家雷・庫茲威爾（Ray Kurzweil）於二〇〇五年所撰寫的《奇點臨近》（*The Singularity Is Near*）一書中所做的奇點將於二〇四五年發生的預測。庫茲威爾於該書中表示：「到了二〇四〇年代中期，一千美元所能買到的計算能力將達到10的26乘cps（cps為每秒鐘的計算次數），一年內所創出的智慧，則為今日人類所擁有之智慧的十億倍之強。」而這樣的結果，讓人類的能力徹底被推翻，預測變了樣的奇點將於二〇四五年到來。

奇點的實現手法

那麼，庫茲威爾是基於什麼樣的想法，預測到奇點將於二〇四五年到來呢？在這背後其實有著加速回報定律（The Law of Accelerating Returns）。這項定律是從如電腦性能提升等多項資訊相關技術上，所看見有關加速成長的數據模型建構而成的。若要瞭解庫茲威爾為何能預測到這樣的未來，那就得稍微提一下他的成長背景。

以未來學家聞名的庫茲威爾，高中時曾在電視節目上發表由電腦譜曲的音樂。他靠該發明獲得英爾特國際科技展覽會（Intel International Science and Engineering Fair）一等獎，原本是個以發明家身分遠近馳名的人物。他相繼發明了全字體光學字元辨識軟體（omnifont OCR software）、平台式掃描器（flatbed scanner）、Kurzweil 品牌合成器（synthesizer）、盲人閱讀器等多項產品，三度獲得美國總統的頒獎。

庫茲威爾於一九七〇年代開始著手預測未來。契機則是在於他發現當自己的發明品問世時，相較起構思發明的那個時候，無論是市場還是技術環境都已改變了許多，因此，為了解決這樣的問題，便開始試著預測未來。

庫茲威爾認為，技術的進化若能加以預測，就其結果而言，市場和社會制度的變化也能預測得到，如此一來，便能開發出更合適的發明品。

基於這般想法，他最後所提出的，便是加速回報定律。加速回報定律是指在技術進步的過程中，能力並非呈直線成長，而是呈指數成長。另外，技術之所以會呈指數成長，主要原因就在於「進化會驅動正向回饋」（positive feedback）。這也就是說，利用在技術進化階段所獲得的強力手法，來創造出下一個階段的進步。像這樣，便能縮短達到下一次進步的期間，加快革新的進展。

庫茲威爾就是根據這項加速回報定律，預測奇點將於二〇四五年到來。他所提出的奇點實現要素，約略可分成二大部分：一是電腦的性能。二是將大腦功能重現於電腦上的技術。有關電腦性能的提升，其中又以摩爾定律（Moore's law）最著名。根據摩爾定律，積體電路所用的電晶體數量，每十八個月就會增加一倍，而隨著半導體的高積體化，電腦的性能也得以持續提升。

半導體的製造技術，雖說近年來摩爾定律已出現衰退之勢也是事實，但藉由平行計算技術等，電腦的性能今後仍很可能持續提升。

另一方面，不同於電腦性能的提升，於電腦上重現大腦功能的技術則尚未確立。因此，庫茲威爾打算經由大腦的逆向工程（reverse engineering）來解決這個課題。所謂的逆向工程，是透過解析軟、硬體來得知其動作原理或製造方法的一種手法。

大腦逆向工程的執行，需要數個步驟。首先，必須對大腦內部瞭解甚詳，然後將之模型化，最後則是模擬大腦的各領域。庫茲威爾認為這項技術到了二〇二九年即可加以利用，屆時便能在電腦上重現人類的知識與意識。於是，他為了實現這般構想，目前就在谷歌進行電腦模擬大腦新皮質的專案。

庫茲威爾最初提出有關奇點的概念時，大腦逆向工程被認為是很荒唐的想法，因而沒有受到周遭人們的接納。後來情況為之一變，近年來，奇點之所以會如此受人矚目，原因就在於由深度學習所促成的ＡＩ急速進化。因著深度學習，不僅增加了以往被認為絕無可能實現之自動駕駛汽車及機器翻譯的可能性，同時也加深了人們對於奇點到來的期待與不安。

不過，庫茲威爾所設想能夠超越人類智慧的手段，是大腦逆向工程，而非深度學習。至於他所預測的奇點的實現，則需要目前尚未實用化的新技術革新，所以說，現今ＡＩ的進步要連結上奇點仍言之過早。

以解開大腦機能為目標的國際專案

事實上，隨著這數年來科技的進步，大腦逆向工程這般想法已不能再說是無稽之談了。歐美早已開始進行由政府所主導的，以解開大腦功能為目標的大型計畫。例如，美國前總統歐巴馬於二〇一三年四月二日，公開宣布腦啟動計畫（BRAIN initiative）的推行；而同年，歐盟也開始推行人腦計畫（Human Brain Project）。

美國的腦啟動計畫是可與「阿波羅計畫」（Apollo program）和「人類

基因體計畫」（Human Genome Project）匹敵的大型科學計畫。這項計畫以技術革新為基礎，目的在於瞭解大腦網路的全貌。換言之，人類是如何進行思考、學習和記憶的？計畫的主幹便是藉由明白大腦各部位的功能，並繪製成「腦地圖」，來全面探討大腦的運作。

二〇一六年十月，主導腦啟動計畫的美國國立衛生研究院（National Institutes of Health，縮寫為NIH），公告了第三次的補助。據公告內容指出，NIH二〇一六年度的投資總額超過了一億五千萬美元，分別提供給六十間的研究機關。藉由這份補助，開發出得以明白神經迴路功能，捕捉到大腦在活動中之動態的新工具或技術，擴大NIH的計畫規模。

至於具體計畫，例如，研究者透過大腦掃描，進行輔助診斷自閉症或阿茲海默症之電腦程式的開發；利用超音波精確地刺激腦細胞的帽子製作；又如以無線方式記錄大腦活動，由極微小的感測器所構成之「神經塵」（neural dust）系統的開發，以及中風病患生活輔助之現行復健技術的提升等。

另外，歐盟的人腦計畫，則透過建立可將大腦各種實驗結果資料化的平台，瞭解大腦資訊處理的機制，並以此來開發資訊處理技術。相較起美國較為重視基礎研究或醫療方面成果的計畫，歐盟的計畫除了醫學方面外，也著重於作為資訊處理系統新模型的大腦。

雖說計畫剛啟動時，由於經營管理不夠透明化，曾被指出多項問題點，但還是做出了一些成果。由蘇黎世聯邦理工學院（Swiss Federal Institute of Technology）的亨利．馬克拉姆（Henry Markram）教授所率領的研究團隊，於二〇一五年，成功以三萬個神經元和三千七百萬個突觸（synapse），建構出相當於〇．二七立方毫米之小白鼠的部分大腦，並模擬其活動。而該研究團隊的下個目標便是模擬小白鼠的整個大腦。如此具有野心的人腦計畫，其今後的動向確實十分引人注目。

強AI、弱AI

有關ＡＩ的種類，本書第一章已介紹過「狹義人工智慧」和「通用人工智慧」，其他還有「弱ＡＩ」和「強ＡＩ」的分類。這些分類的意思大致與「狹義人工智慧」和「通用人工智慧」相同，「強ＡＩ」不只是含有通用之意，多半也意指擁有意志或精神的ＡＩ。

附帶一提，庫茲威爾預測將於二〇二九年實現的ＡＩ，並非為單純的「通用人工智慧」，而是擁有同等於人類之智慧與意志的「強ＡＩ」。而當奇點於二〇四五年到來時，屆時將實現超越所有人類智慧的「超人工智慧」（Artificial Super Intelligence）。

對於奇點到來後的世界，庫茲威爾所抱持的態度相當樂觀。他認為由基因工程（genetic engineering）、奈米技術（nanotechnology）和「強ＡＩ」

所實現的三項機器人學技術，將成為支持奇點的主要技術。然後，透過這些技術的革命，不僅可解決人類所面臨的多項課題，如疾病、貧困和環境破壞等，人類自身也會藉由與ＡＩ的融合，達到超越生物學所制約的進化。

「強ＡＩ」會毀滅人類嗎？

另一方面，社會上有越來越多人擔憂伴隨奇點的到來，擁有意志的「強ＡＩ」是否會消滅人類？這是因為他們將由「強ＡＩ」所實現的機器人與電影《魔鬼終結者》（The Terminator）中的世界相疊。

而加快這份擔憂傳播速度的主要因素，正是名人對於ＡＩ進化感到憂心忡忡的發言。英國宇宙物理學家史蒂芬．霍金（Stephen Hawking）博士，於二〇一四年接受ＢＢＣ採訪時，曾表示：「一旦開發出完全的ＡＩ，這或許便意味著人類的滅亡。」像這樣，持續發出有關ＡＩ開發的警告。另外，身為特斯拉及SpaceX執行長的伊隆・馬斯克，也在麻省理工學院航太工程學系百年紀念活動上發言表示：「我們必須謹慎看待ＡＩ，因為就結果而言，這就像是在召喚惡魔一般。雖說召喚出惡魔者十分確信自己能夠控制惡魔，但事實上則不然。」如此述及ＡＩ的危險性，警示世人應慎重進行國際討論。

面對這些發言，ＡＩ專家們也紛紛出聲反駁。開發出阿爾法圍棋，DeepMind的傑米斯・哈薩比斯一方面對ＡＩ在倫理方面的應用及危險性謹慎看待，卻也對這些「技術門外漢」一味煽動輿論的作法提出告誡。那麼，其他的ＡＩ專家的看法又如何呢？

二〇一四年，牛津大學的研究者，文森・穆勒（Vincent C. Muller）與尼克・伯斯特隆姆（Nick Bostrom）做了一份以ＡＩ專家為對象的問卷調查。其結果顯示，針對「你認為以五成準確率開發出同等人類智慧的ＡＩ，將於哪一年實現？」的問題，答案大多落在二〇四〇～四五年之間。而針對以九成準確度開發的問題，答案則大多落在二〇七〇～七五年之間。另外，針對ＡＩ是否可為人類帶來利益的問題，半數以上的研究者都認為ＡＩ可為人類帶來極好或良好的影響。這比例遠超過認為ＡＩ會為人類帶來不良影響之研究者所占的二〇％。

多數研究者不僅對將來樂觀視之，也開始著手處理更為現實的課題。好比說，在研究ＡＩ的非營利組織OpenAI於二〇一六年六月所發表的《ＡＩ安全中的具體問題》（Concrete Problems in AI Safety）論文中，探討了有關為了確保機器學習系統可按指示執行動作之研究的問題，並針對以增強式學習所開發出的ＡＩ（以清掃機器人為例），分別從以下的五個領域來進行檢討。

①不會使自己有所毀損的安全探索。

②在有別於學習過程環境中的適應表現。

③不會帶給環境不良影響，如破壞周遭物體等（避免副作用）。

④不會為了獲得獎勵而故意製造問題（避免獎勵駭侵）。

⑤能否藉由小獎勵的累積，達成大目標？

多次在媒體上提及AI危險性的伊隆・馬斯克，他與領英公司（LinkedIn）的里德・霍夫曼（Reid Hoffman）等人提供了多達十億美元的資金所創設的OpenAI，該組織所探討的主題也不是「對於擁有意志之AI的因應」，而是「AI實際應用上的問題解決」。

因人類的故意或過失而造成的ＡＩ失誤

雖說現階段，擁有意志的ＡＩ並不存在，但即便不具有意志，ＡＩ仍有可能為人類和社會帶來出人預料的損害或壞處。而其最大的肇因就是由人類的故意或過失所造成的ＡＩ失誤。

二〇一六年三月，微軟所開發的聊天機器人Ｔａｙ，自推出後，僅過了十六個小時便遭緊急關閉。Ｔａｙ被設計成可經由推特等平台來學習千禧世代（millennials，生於一九八〇～二〇〇〇年的世代）獨特對話，卻沒想到該學習功能被惡意使用，從懷有惡意的使用者那裡學到了有關歧視及暴力的言語表現，以致接連做出了不當發言。

微軟在官方部落格上發布公告，表示造成Ｔａｙ發言不當的原因為「對特定攻擊的重大過失」，並承認他們對於懷有惡意的使用者的事前防範有欠周全。現今多數的AI都不具有一般人所擁有的常識，因此，系統無法排除懷有惡意的使用者，只會將發生頻率高的資料當作正確資料來學習。這次的事件可說是一個契機，讓我們得以重新思考在AI學習的過程中，因人類的故意或過失而導致學習資料品質下滑的可能性，以及學習資料品質下滑對AI所造成的影響。

另外，二〇一六年所發生的AI相關事故，其中受人矚目的，還有自動駕駛汽車在高速公路上所發生的事故。根據美國運輸安全委員會的初審報告指出，該起事故是特斯拉的駕駛支援系統「自動駕駛儀」（autopilot）在運作中，與正要橫越高速公路的大型貨櫃車相撞，結果導致駕駛員死亡。初審報告中並沒有記載事故原因，但一般認駕駛員對「自動駕駛儀」的過度相信，很有可能是事故的原因之一。

特斯拉的「自動駕駛儀」是第二階段的系統（有關階段的區分請參閱第五

章）。所以說，車子即便能支援複數駕駛功能，駕駛員仍有隨時監控系統狀態，確保安全的責任。不過，要是將駕駛全權交給系統，一旦碰到緊急狀況，車上的人就很難臨機應變。而同樣的問題，也適用於僅於碰到緊急狀況時才交由駕駛員操作的第三階段自動駕駛汽車。

在加州大學進行交通系統相關研究的史蒂文・E・沙拉多夫（Steven E. Shladover）博士指出，提醒駕駛員留意緊急狀況是件非常困難的事，因此，許多汽車公司都放棄了第三階段自動駕駛的研發。據博士表示，自動駕駛的行駛環境若有所限制，完全交由系統來操作的第四階段自動駕駛汽車，反而比第三階段的自動駕駛汽車更有可能實現。除了解決ＡＩ技術的課題外，期待將來在對人類與ＡＩ各自的優缺點有所認知的情況下，能夠研發出更優異的系統設計。

今後，可預想得到，ＡＩ的應用範圍將不斷在我們的社會生活中擴展。

就筆者個人的意見，與其將現在的ＡＩ視為取代人類智慧的產物，其實在許多個案中，反而將它視為新的軟體開發方式更恰當。為了能夠照我們原先所設想的來使用ＡＩ，如同以往的軟體開發那般，有關ＡＩ開發之方法論的投入也是不可或缺的。

具體而言，如針對外部惡意攻擊的因應對策、開發及應用過程中的障礙減低，以及作為與人類協同合作的道具，應當具有何種恰當的系統設計等，都是需要進行檢討的重要項目。

02 有無ＡＩ的差距

本書到目前為止，已介紹過ＡＩ的技術進化，以及其對商務或職業所造成的影響。ＡＩ的進化等同於產業革命，可想而知，勢必也會對國家的經濟帶來極大的影響。因為這是出自ＡＩ所具有之物與所不具有之物的差距。

產生急劇變化的通用人工智慧

在第五章已說過，ＡＩ的進步短期內對僱傭所造成的影響是有限制的。不過，在「通用人工智慧」（ＡＧＩ）實現的前後將有極大差異。據研究ＡＩ與經濟學之間的關係，任教於駒澤大學經濟學系的井上智洋老師表示，與其擔心奇點，我們更應該重視，在這之前，由「通用人工智慧」所帶來的「技術性失業」（technological unemployment）或對經濟成長所造成的影響才是。

「技術性失業」是經濟學用語，意指由新技術的導入所造成的失業。一般而言，技術性失業是一時性的問題，最後還是會回復僱傭關係。這是因為導致技術性失業的主要因素是革新；而革新將創造出新的產業或職業，讓一度失業的勞動者得以轉職到其他業種或企業。

話雖如此，「通用人工智慧」一旦出現，對僱傭的影響也將截然不同。「通用人工智慧」跟人一樣會自行學習，在技術上，是足以取代各種腦力作業。而這般結果，連新創造出來的職業也會被「通用人工智慧」奪走，對人類而言，極有可能會失去新雇用的機會。當然，即便「通用人工智慧」在技術上得以實現，也難以保證伴隨其應用而來的規定及倫理等問題一定都能解決。

為此，根據業務內容或應用場合，自是也會有需要限制ＡＩ的運用，或是必須與人類共同作業的情形。再者，作為頭腦的「通用人工智慧」就算實現了，若沒有形體化，就不可能取代需要使用到手腳的業務。

如第五章所討論的，即便是「通用人工智慧」，也可能基於投資效果的問題而放棄引進。然而，由於「通用人工智慧」會自行學習，在獲得知識方面並不需要人手。因此，隨著硬體等技術的進步，也可能進而降低引進成本。若以最近流行的話語來說，那就是藉由「通用人工智慧」，將有可能讓經濟學所說的邊際成本（marginal cost，每增加一項產品或服務而產生的成本）無限趨近於零。

「第二次大分流」

據井上老師表示，引進「通用人工智慧」的國家，不只是僱傭，連經濟成長率也會有極大的改變。引進「通用人工智慧」的國家，經濟成長率將會不斷地攀升；反之，沒有引進「通用人工智慧」的國家，經濟成長率則依然如故。井上老師將這般在國家之間所產生的經濟成長率的落差，稱之為「第二次大分流」。而造成「第二次大分流」的原因，便是方才所述的僱傭變化。現在的資本主義經濟，是「勞動」與「機器」共同進行生產活動。在此的「勞動」是指人力，「機器」是指生產設備等資本。對此，引進「通用人工智慧」的國家，將不再雇用勞動者，只會靠AI或機器人等「機器」來進行生產活動。這也就是說，生產活動將完全機械化。

若從平均每人GDP來看，現今由「勞動」＋「機器」組合而成的生產活動，只要「勞動」亦即人力沒有增加，GDP就不會有所增長。因此，平均每人GDP會因「勞動」遇到瓶頸而達到頂點。相對於此，僅由「機器」進行的生產活動，因為不會有這類的瓶頸，所以平均每人GDP便得以持續增長。

有關這般經濟成長率的「大分流」，在十九世紀的產業革命後也曾發生過一次。當時，在利用蒸汽機推行生產活動機械化的歐美諸國與沒有推行機械化的亞非諸國之間，便出現了經濟成長的「大分流」。而十九世紀興起產業革命之際，日本很幸運地並沒有落後歐美諸國太多，經濟也得以有所成長。不過，在迎向「第二次大分流」之際，仍需要注意幾件事。

企業之間的差距與勞工、資方之間的差距

我們已知在擁有ＡＩ技術的國家與沒有ＡＩ技術的國家之間，「通用人工智慧」的引進與否將會產生莫大差距。而這般差距並非只發生在國家之間，在比國家單位更小的企業之間，也會有差距產生。同一產業之間，「通用人工智慧」的引進與否，會在產品機能或生產力上出現差距。

當然，也有部分業種的生產力等不會變成產生落差的主要因素。但可預想得到，這將會對零售業、製造業及金融業等多種業種造成影響。例如，對開發

自動駕駛汽車的汽車產業而言，能否運用ＡＩ，用不著等到「通用人工智慧」的時代，便是個重要的課題。若在技術競爭中吃了敗仗，以致失去市場，日後或許就沒機會了。因此，企業勢必得不斷致力於ＡＩ的研發，掌握到ＡＩ應用的技術訣竅（know-how）。

另外，在勞動者與資本家之間也會產生差距。因「通用人工智慧」的引進，勞動者雖然失去了工作，但保有「通用人工智慧」的資本家卻得以獲得更多的利益。要是碰到這般情形，勞動者究竟該如何生活才好？有關這問題的因應對策，近年來最受人矚目的，那就是「基本收入」（basic income）。

所謂基本收入，是指政府無條件定期給予國民最低限額生活費的制度。針對現代社會引進基本收入的議題，有人贊成也有人反對。但無論如何，在可能會有大批勞動者失業的情勢下，這似乎也可說是用來保障生活的一種強力選擇。

引進「通用人工智慧」所造成的失業，無疑會是個大問題。不過，要是限制引進，導致在國家或企業之間的競爭中落敗，反而有可能會失去用來引進基本收入制度的財源。因此，除了「通用人工智慧」外，我們也得積極運用目前正不斷擴大應用範圍的「狹義人工智慧」。

只要跨越「言語障礙」……

在此，讓我們再次來思考有關「通用人工智慧」實現時期的預測。庫茲威爾的預測是二〇二九年；而根據先前所提及，以ＡＩ專家為對象的問卷結果可知，最早將於二〇四〇年，最遲則於二〇七五年到來。

再者，目前新技術的開發要發展到社會普及的程度，仍需要一段時間。例如，現在所用的深度學習技術，距離二〇〇六年以其原型進行開發以來，也早已過了十年。在經濟學上，這樣的過程被稱為「diffusion」（擴散、普及）。而ＡＩ對僱傭所造成的影響，也得等到歷經過「擴散」時期後才會到來。如此想來，若要以目前尚未確立的新技術來實現「通用人工智慧」，少說也要到二〇四〇年左右，才會對僱傭和社會造成影響。那麼，對僱傭所造成的影響，是否在那之前都不會顯著化呢？筆者認為，當以深度學習等目前可善加利用的技術為基礎的「狹義人工智慧」能夠突破「言語障礙」時，就會對僱傭和社會造成極大影響。如第二章所言，比起語音辨識或影像辨識，深度學習在自然語言處理領域的應用仍有限。因為目前的技術還無法突破「言語障礙」。

「狹義人工智慧」究竟何時才能突破「言語障礙」？要進行預測實有困難。不過，這應當會比「通用人工智慧」的實現還要來得早。只要能突破「言語障礙」，現今以規則為本的ＡＩ所建構而成的對話型應用程式便得以自動化，ＡＩ將自動從現有的文件中獲得知識，並加以整理。如此一來，現在的白領階級所做的大部分業務，就能進行低成本的機械化，或是由機器提供支援。

如同谷歌的類神經網路翻譯這般，這數年來由深度學習所研發出的自然語言處理技術，勢必會有顯著的進步。未來十年內，「狹義人工智慧」若能突破「言語障礙」，世界或許就會正式進入前奇點（pre-singularity）狀態。

那麼，在這般情況下，今後的日本究竟該如何來看待ＡＩ呢？究竟該怎麼做，才能夠在「第二次大分流」中扶搖直上呢？

03 日本的勝算在何處？

本節將從ＡＩ技術應用中尤為重要的大數據重要性提升，以及ＡＩ人才的觀點，來探討日本所面臨的課題及勝算所在。

資料資本主義與資料交易所

所謂的資料資本主義，是指在經營資源的人、物、財當中，再加上資訊或資料的概念。例如，個人透過臉書等社群媒體所傳送的聲音、於谷歌等搜尋網站所輸入的關鍵字，或是從感測器所獲得的物體狀態等，現今的時代早已進入任何物體都會產生「資料」的時代。

企業為了得到對自家公司有利的資訊，平時就很懂得善用資料。好比說，軟銀（SoftBank）為了決定行動電話基地台的設置地點，就是透過資料的運用，成功削減了高達數百億日圓的年度成本。而軟銀所運用的，則是名為「拉麵店搜尋」（Ramen Checker）的智慧型手機應用程式的資料。由於該應用程式是根據使用者的所在位置，來進行拉麵店的搜尋，自然能夠掌握到使用者的所在地。此外，藉由確認拉麵店搜尋程式在使用時的通訊狀況，也得以掌握到當地的「連結難易度」。該應用程式表面上是款拉麵搜尋程式，實則是用來蒐集為了提升通訊公司服務品質的資料。

話說軟銀本身擁有近千間的出資公司，所以能夠透過出資公司的應用程式來取得所需的資料。然而，這樣的事並非每個人都能做到。沒有資料的公司，即便得付出代價，或許也會想從擁有資料者手上取得資料。這時，或許可向專門蒐集個人資訊來販售的「資料仲介商」（data broker）購買。又如有的企業會為了改善自家公司服務，利用感測器來蒐集資料，當中或許也會有不曾對外公開的資料。

如果有個資料交易所，能夠作為讓資料產出者與資料需求者進行媒合的「場所」，那資料買賣的進行就容易多了。只要以高價賣出貴重且熱門的資料，資料產出者便能獲得更多利益。再者，若有對資料的處理甚為詳細的專門機構居中作媒，明訂出誰能使用資料？如何使用？可使用到何時？等規則，便可作到顧及所有者隱私的資料買賣。像這樣，專門處理如爆炸般湧現之資料的新興市場的誕生，不僅可成為激勵以往不願對外釋出資料的企業或個人的誘因（incentive），也是個有利於商業活動或學術研究的資料得以公開的契機。至於用來作為AI開發不可或缺的資料供應方的這般期待，那更是不用說。

事實上，日本新創企業EverySense，自二〇一六年起，便開始提供感測器資料買賣的中介服務。另外控制裝置龍頭大廠的歐姆龍（OMRON），取得有關資料媒合及流通的專利「Senseek」，並與通訊公司合作，期許能夠設立一間以感測器資料買賣為主的公共交易所。歐姆龍有意從裝置限量銷售業務，往服務業務擴大發展。不過，對期望能夠藉由優異AI的開發來甩開競爭對手的企業而言，等待市場的開設反倒不是個善策。因此，現階段已在進行的作法，就是收購保有資料的企業。

企業藉由收購來購買資料的時代

企業在進行收購之際，以前也曾有過以買下技術、挖角人才，或是收購敵對企業的方式來消滅競爭對手的例子。而現在，以大企業為中心所進行的收購，則是為了達成獲取資料這個新目的。收購保有貴重資料的企業，並將之占為己有。其中一例就是以「華生」出名的IBM。IBM於二〇一五年收購經手醫療用影像處理的Merge Healthcare，又於二〇一六年收購了以醫療機構為對象，經手資料分析及資訊提供服務的Truven Health Analytics。

Merge公司是間以醫療機構或製藥公司為對象，專門處理電腦斷層掃描影像、核磁共振影像和X光片等醫療用資料的企業。據聞至今所累積的資料總數已達三百億筆，規模之大無人可比。醫師所要處理的資料，會隨著機器種類的增加，或是機器性能的提升而增加，但人可以掌握的資料量卻有限。因此，難得擁有各種詳盡的資料，在應用上卻也處處受限。不僅如此，按地方的不同，有時還會碰到專業醫師人數不足，無法根據醫療影像進行診斷的情形。

所以，IBM後來所注意到的，便是透過「華生」來進行的預先診斷。AI會先從影像中篩選出看似為病灶徵兆的地方，並告訴醫師需要留意之處。為了實現這般手法，以醫師過去的診斷結果為依據的影像資料，是絕對不可或缺的。而保有這些資料的，就是Merge公司。IBM預定將這套解決方案應用在經常需要透過影像來進行診斷的心臟科及整形外科。影像辨識是深度學習最擅長的領域，而有無系統學習所需的資料，便可說是決定勝負的關鍵所在。若從這個觀點來看，IBM收購Merge公司的確是個妥善的決策。

相對於此，收購Truven公司則是為了拓展「華生」在醫療領域的應用範圍。Truven公司保有大量已完成電子化處理的醫療相關資料，甚至還包含如該公司為所提供之工具的分析對象申請保險的紀錄等，與金錢有關的資料。將來，只要將這些資料作為學習資料來加以運用，那麼，從醫師或藥劑師所具有的診斷技術訣竅、經營的要點，直到保險的申請等，便能建構出懂得醫療各方面技術訣竅的ＡＩ系統。

ＩＢＭ對於資料的欲求不滿，並不僅止於醫療領域。二〇一六年，ＩＢＭ還收購了氣象資料公司「The Weather Company」。Weather 公司除了提供自家公司獨自蒐集到的氣象預測要點外，也會根據雷達或人造衛星的影像，以及交通資訊等超過八百筆的各類資訊，每天都使用一百ＴＢ以上的資料，提供氣象預測給各企業。氣象資訊不僅會影響到農作物的收成或個人消費，進而也會對企業的生產活動等造成影響。

ＩＢＭ讓「華生」學習氣象資料的分析手法，同樣於二〇一六年推出了名為 Deep Thunder 的全新氣象預測服務。相較起以往以人工分析為主的氣象預測手法，「華生」的預測手法將可因應企業所期望的地點，進行更為局部性的氣象預測。甚至連以前在技術上雖有辦法做到，卻因人力資源的高成本而難以實現的服務，亦可透過ＡＩ的應用，提供給企業作為解決方案使用。

ＡＩ用學習資料的製作

若要開發用來進行影像或語音辨識的ＡＩ，學習資料的準備乃是必要的。例如，在開發語音辨識用的ＡＩ時，必須具備語音資料，以及與之成對的文本資料（text data）。而負責製作這些學習用資料的，正是群眾外包服務。所謂的群眾外包，是透過網路，將工作發包給不特定多數人的一種業務委託。藉由讓發包者與自營作業者及有本事的半專業者進行媒合，使想要工作的人與想委託工作的人得以牽上線。

ＡＩ用學習資料的製作，主要有以下二項作業。一是將語音資料文字化，以及在影像檔案中附上如貓或狗的正解資料或標籤。二則是學習資料的重新審查及修正作業。這項作業根據其除去被視為汙點之錯誤資料的動作，而以「資料清理」（data cleansing）一詞稱之。在大量蒐集來的資料當中，難免會發生在有關狗的影像中被放進貓的影像的失誤。而進行資料清理，便能修正這類的錯誤資料。

隨著AI應用的擴大，群眾外包企業開始利用人海戰術來製作AI所需的龐大資料。其具體之例，便是美國的CrowdFlower公司。當初，CrowdFlower公司所承攬的業務僅是如確認企業所保有之客戶一覽的網址等，這般較為單純的工作。這類工作被稱作「微任務」（micro-tasks），並不需要特殊專業，且一項作業只要數分鐘便能完成。

不過，近年來，該公司所承攬的業務已拓展至自動駕駛AI系統所需的學習資料的製作。這是因為CrowdFlower公司所負責的微任務，非常適用於學習資料所需作業的標籤貼附或資料清理。

而該公司除了製作ＡＩ所需的學習資料外，甚至又進一步全力投入開發運用ＡＩ的業務流程。其完成品便是與微軟共同開發而成的「CrowdFlower AI powered by Microsoft Azure Machine Learning」。這是個透過ＡＩ與人類的互助合作來進行作業的群眾外包平台。

即便是日以繼夜不斷進化的ＡＩ，仍會碰到不少無法達到與人類等同的辨識率，必須靠人力另行處理的情形。再者，比起為提高ＡＩ準確度所需的數個百分比的投資，有時也會碰到反倒是人工作業的成本效益較高的情形。因此，該平台便運用作為微軟ＡＩ基礎的 Azure Machine Learning 技術，建構出將資料先由ＡＩ進行處理，然後再將其中難以因應的例外個案，透過群眾外包交由人工來進行處理的機制。

這套機制主要是用於以文本資料為中心，需要進行自然語言處理的場合，例如，履歷的資料清理，或是客服中心有關諮詢應對後的問題分析作業等。雖然這只是猜測，但這些需要透過人工處理的個案，其實也是用來作為讓ＡＩ變得更聰明的學習資料吧？

CrowdFlower公司從承攬簡易作業這類附加價值較小的服務，拓展至現在利用人工來完美補足ＡＩ弱點的高便利性服務，甚至還打算轉型成開發ＡＩ的企業。如群眾外包、客服中心的諮詢應對，以及資料輸入作業代辦等這些較為簡易的作業，可說是容易被ＡＩ取代的工作。在以這般業務為生計的企業中，也有不少藉由迅速引進ＡＩ，有機會轉型成高度ＡＩ應用企業的企業。這不只是因為他們有察覺到ＡＩ來勢洶洶的威脅已近在身邊，也是他們平時就有在處理ＡＩ所需之學習資料的關係。

模型的大型化與資料量的增加

自多倫多大學辛頓教授所率領的團隊，在二〇一二年所舉辦的 ILSVRC 影像辨識競賽中獲得勝利以來，運用深度學習的物體辨識率便持續向上攀升。二〇一二年為十六%的錯誤率，到了二〇一四年已降為六‧七%，到了二〇一五年更是降至低於人類錯誤率五‧一%的三‧五七%。

近年來，隨著影像辨識率的提升，深度學習模型也跟著大型化。於二〇一二年獲得優勝的 AlexNet，是由八層類神經網路所構成。之後，其層數便每年持續增加，到了二〇一四年的 GoogleNet，已增加至二十二層，而二〇一五年的 ResNet 甚至已多達一百五十二層。

另外，針對模型準確度與學習資料量的關係，相關研究也持續有所進展，為了提升準確度，學習資料也跟著有所增加。根據中國網路龍頭企業百度所進行的、有關語音辨識模型的研究結果顯示，以往的機器學習手法，即便學習資料量有某程度的增加，辨識準確度也不會提升；相對於此，運用深度學習的模型，學習資料量若增加越多，準確度就會不斷攀升。

至於有關規模更小的類神經網路，以及由較少學習資料量所建構成的高精度模型的實現手法，目前也在研究階段進行檢討。不過，這些研究若要做出成果來，為了實現高精度ＡＩ模型，似乎就得需要龐大的計算資源和大量資料。

產生變化的硬體環境

若要實現更為高度化的深度學習模型，就必須要有更為高速且低耗電的計算環境。為此，就連執行深度學習的硬體平台也不斷產生莫大的變化。

現今，為了讓深度學習模型進行學習，一般都是使用圖形處理器（ＧＰＵ）。

GPU是由多個計算核心所構成，相較起一般的CPU，其運用平行計算的數值計算（numerical calculation）則具有速度快的優點。如第一章介紹過的，其原來的用途是圖形處理的高速化，但在機器學習上，亦可有效運用該優點。話雖如此，為了提高更勝於GPU的計算性能，尋找其他方法的動作也越發活絡。

其一是名為現場可程式閘陣列（Field Programmable Gate Array，縮寫為FPGA）之積體電路的使用。以前，微軟就曾在搜尋引擎「Bing」的自然語言處理上使用搭載FPGA的專用伺服器，但這項動作卻是有限的。到了二○一六年十月，百度為了進行資料中心（data center）之機器學習應用程式的高速化，公開表示將採用賽靈思（Xilinx）公司的FPGA；接著，於同年十二月，亞馬遜網路服務（Amazon Web Services，縮寫為AWS）也公開表示將在自家公司雲端服務，亞馬遜EC2的F1執行個體（instance）上採用賽靈思公司的FPGA。賽靈思公司藉由FPGA的運用，讓基因體（genome）分析、財務分析、影像處理、大數據分析，與機器學習的推論等的工作負載（work-load）得以高速化。今後，FPGA除了機器學習外，作為有助於資料中心各種處理的高速化及低耗電化的技術，所利用的範疇將變得更廣泛。

第二項動作是機器學習專用處理器的開發。谷歌於二〇一六年五月公開表示，他們研發出了深度學習專用處理器「Tensor Process Unit」（TPU），並自二〇一五年起便已開始使用。

TPU除了可運用於先前所介紹的阿爾法圍棋外，又如谷歌的機器學習服務Cloud Machine Learning、谷歌街景服務（Google Street View），以及語音辨識等，自家公司超過一百組的開發團隊也加以運用，而其計算性能更是GPU和FPGA的十倍。

至於第三項手段則是量子電腦（quantum computer）的應用。這是因為近年來實用化的「量子退火式」（quantum annealing）量子電腦在「組合最佳化問題」機器學習的學習處理，以及相同數學問題的解決能力上，均有優異的表現。

而歐美早已看準AI的應用，不僅開始進行由政府主導，針對量子電腦的策略性投資，又如谷歌或IBM等也開始進行量子電腦的開發。

日本企業該如何因應資料資本主義？

如谷歌或臉書等網路企業，向來都會從網路上的服務蒐集大量資料，並加以儲存和分析。他們確實可說是資料資本主義社會中的巨大資本家。然而，隨著網路進化成「物聯網」（IoT），這般狀況也將會有所改變。

這些企業雖然曾試著挺進汽車或家電等領域，卻仍無法存取由工廠等製造現場，或產業用機器所產生的資料。另一方面，對擁有強大製造業的日本而言，要存取有關物體的資料相對容易。再者，工業產品所搭載的ＡＩ，或是製造現場所使用的ＡＩ學習資料，都是以影像資料或感測器資料為主。由於這類資料較不具言語障礙，只要將之彙整成解決方案，便有容易外銷他國的優勢。

在資料出處受到矚目的情況下，無論能否靠由物聯網所產生的資料建構而成的ＡＩ應用來提升競爭力，這都將成為日本今後能否靠ＡＩ或機器人的應用來領先全球的重要試金石。

在此有一點需要特別留意，那就是即便網路公司不成對手，也避免不了同業中的競爭。既然都有辦法存取資料，那ＡＩ技術的擁有及運用的熟練度就成了決定勝負的重要關鍵。遺憾的是，日本在深度學習等先進ＡＩ領域的應用，似乎是起步得太晚了。尤其是對於在製造業領域擁有強大實力的中國，也開始在ＡＩ研究開發上嶄露頭角的行動，更需要加以留意。

在海外存在感低落的日本AI研究

二〇一六年，文部科學省的科學技術暨學術政策研究所（NISTEP），按國別統計AI相關學會的論文發表篇數，藉此估算出各國的存在感。具體而言，就是根據AI著名國際會議，如美國人工智慧協會年會（AAAI）、AAMAS，以及KDD等，自二〇一〇年起，直至二〇一五年為止的會議紀錄，按國別統計論文的發表篇數，來估算出各國的存在感。

根據調查結果可知，相對於美國和中國的壓倒性存在感，日本的存在感顯得薄弱許多。在最具有權威的美國人工智慧協會年會上，這數年來，來自美國和中國的論文發表篇數急遽增加。以二〇一五年為例，美國大學及企業的發表篇數為三百二十六篇（四十八・四％），位居第一；接著便是中國的一百三十八篇（二〇・五％）。美國和中國就占了整體的約七成左右。至於日本的排名為第八，篇數則為二十篇（三％），篇數甚少。

筆者們也會參加國內外的ＡＩ相關學會活動，對於這份調查結果的內容有切身的體驗。若再附加上去，中國在學會會場的存在感是遠比調查結果來得雄厚。就連在所屬機構為谷歌或美國大學的情況下，發表者也是以中國出身的研究者居多。甚至有近四成的實際研究者都是中國出身。

另外，就發表者所屬機構來看，日本誠如其發表篇數所示那般，不僅少有人發表，甚至連聽講者也寥寥可數。若單只是以掌握學會論文內容為目的，只要將論文蒐集起來閱讀便綽綽有餘。不過，假如只要這麼做便足矣，那學會根本就沒有開辦活動的必要。參加學會的價值乃是在於，藉由身處其境，親身去感受研究的動向，或是透過工作坊來獲得有關新研究領域之意見交換的機會。然而，日本的研究者卻無法享受這般機會。

重視基礎研究的AI先進國

甚至有關發表的內容，日本人工智慧學會的全國大會若與海外著名的國際會議相比，就有極大的不同。

話說人工智慧學會的全國大會，原本就是學生的發表較占多數，直接拿來跟頂尖等級的國際會議相比或許有所不妥。不過，相對於人工智慧學會的發表論文較多是應用研究，國際會議的發表論文則是以基礎研究為中心。

究竟為何會有這般情形呢？雖說並沒有確切的佐證，但筆者倒是對一件事十分在意。那就是獲得二〇一六年諾貝爾生理學或醫學獎，東京工業大學的大隅良典榮譽教授曾說過一句話：「若以能否派上用場來掌握科學，社會就會完蛋了。」假如日本的研究者是因為感到某種壓力，認為：「非得能派上用場不可。」而選擇了應用研究的題目，那將會是大問題。

如第一章所述，無論是開發出現在的深度學習方式的多倫多大學辛頓教授，還是建立起影像標籤貼附之資料庫的史丹佛大學李飛飛教授，他們都不是保證能得到今日的成果才投入研究的。再說，評價研究題目的人，也不可能完全看透將來必定會成功的研究。若是期望日本研究學者能有所革新，就不該只以選擇或集中的方式來提供研究經費，也應當針對定額提供像是基本收入這類無償研究費的政策進行檢討。

熱過頭的AI人才爭奪戰

能夠靈活使用以深度學習為代表之最先進AI科技的人才，全球都呈現不足的狀態。為此，美國以網路企業為中心的AI研究者爭奪戰甚為激烈。

二〇一三年，谷歌收購了現今ＡＩ熱潮的核心人物，多倫多大學辛頓教授所創設的DNNresearch公司。另外，辛頓教授的弟子，即紐約大學的勒丘恩教授也在臉書成立ＡＩ研究所時，擔任該所的負責人。

在第一線活躍的研究者，之所以會積極參與企業或共同研究，也是因為在其背後有著期望能夠對企業所保有的龐大資料進行研究的想法。他們不只是很有耐心地做基礎研究，對於實用新技術開發後的產品化和服務，也抱持著相當積極的態度。

另一方面，早已保有龐大資料的企業，可則透過獲得能夠靈活使用深度學習的人才，來抓住ＡＩ應用業務的主導權。如此這般，企業與研究者相互補足了彼此所欠缺的資料和技術力。

日本真正的課題在於使用者企業的人才不足

說到ＡＩ人才，以研究者相關話題為中心的情形甚為常見。若從零售業或製造業等各產業之國際競爭力的觀點來看，企業內部ＡＩ人才不足的情況更為嚴重。現在的ＡＩ技術大略可分成，運用大數據的處理等進行分析或預測的「成人ＡＩ」，以及使用藉由深度學習所實現之辨識或運動能力等的「孩子ＡＩ」（請參閱第五章）。

這些技術不僅可獨立使用，也可以「成人ＡＩ」為基礎再加上「孩子ＡＩ」來使用。好比說，除了根據以往的購買履歷這類數據資料所進行的分析外，亦可加上藉由分析店鋪影像所獲得的顧客行動分析結果，或是透過語言處理，從客服中心或網路聊天室所得到的文本資訊等來進行分析。

而為了進行這些分析，則必須擁有被稱為資料科學家的人才。遺憾的是，在日本很少有企業能夠好好善加利用資料科學家這類人才。

雖說是稍嫌舊了些的資料，根據野村總合研究所於二〇一三年以國內外企業為對象所進行的問卷調查結果，在日本僅有六．〇％的企業擁有職務為資料科學家的員工。相對於此，在中國為五十六．二％，而美國則為四十一．八％。另外，日本預定要招募資料科學家的企業也只有二．六％，從問卷中實在看不出有任何改善的徵兆。而這般狀況，至今也毫無改變。

另一方面，在海外的企業，資料科學家是相當普遍的一種職務。即便是筆者最近所參加的數場海外商業ＡＩ大會，前來分享使用者實例的演講者們，其頭銜也大多是資料科學家。另外，一般而言，這類大會的參加者有三分之一是資料科學家，剩下則是由商務人士和ＩＴ相關人士各了占一半。由此即可看出在日本與海外之間，資料科學家的人才實況相差甚遠。

日本企業的資料科學家之所以會這麼少，其實是有數個原因。一是日本企業的ＩＴ相關業務大多都是委託給供應商，而歐美則是針對這部分的業務進行內製化。不過，更為根本的原因便是在大學接受專業教育之人數的不同。根據麥肯錫公司（McKinsey & Company）的調查，在大學接受深度分析相關教育的學生人數，美國約為二萬五千人，而日本卻僅有三千四百人。這究竟是作為供應端的大學的問題？還是企業這方的需求沒有顯著化？原因雖然不明，但來自大學的供應不足，也為「孩子ＡＩ」領域蒙上了一層陰影。

「成人ＡＩ」與「孩子ＡＩ」，無論哪一邊都是以統計、準確率，或是以這些為基礎的機器學習技術建構而成的。為此，如同「成人ＡＩ」這般，有關「孩子ＡＩ」的部分，日本的大學教育也比美國等都來得遜色許多。

與深度學習有關的技術，因著在基礎研究階段的持續改善，其成果便是大量論文的發表。現今，日本企業所需的人才，與其說是能夠發表這般論文的研究者，反倒是懂得隨時查看研究者所發表的新論文，且會去學習他公司領先在前的先進技術，並將之引進自家公司產品中的技術者。

學習明治維新

很遺憾，若從多數日本企業運用AI技術的觀點來看，比起美國和中國，不得不說確實已整整落後了對方一圈。今後，要是碰到更勝於產業革命的大型變革時，這般狀況將攸關到國家的存亡。

目前能夠運用新技術之人才的不足情況，或許就跟整整遲了歐美一世紀，才剛要開始推行產業革命的明治維新時期的日本是一樣的。當時的日本為了學習新技術和制度，雇用了許多「外籍顧問」。為了有組織性地重建起日本企業對大數據及AI的投入態度，應當在技術長（Chief Technology Officer，縮寫為CTO）一職上，招攬具有相當實績的海外人才。

即便難以知曉雙方發想的原點是否一致，但如前述，豐田汽車早已在美國西海岸創立了一間研究、開發ＡＩ技術的新公司，而其高層便是聘請在DARPA主持機器人專案的吉爾・普拉特來擔任，致力於研究開發的推行。

為了擴充人才，另一項應當進行的政策便是赴歐美留學的促進。一般認為成就中國現今ＡＩ研究之強盛的源頭之一，那就是大量的中國人留學生。二〇一五年，中國人留學生約占美國所有留學生人數的三十一％，其比例之多遙遙領先各國。而去美國留學的學生，多半會留在美國大學繼續做研究，或是進入歐美ＩＴ企業持續進行研究活動。如方才曾提及，中國在國際會議中相當具有存在感，這也是因為他們早已融入國際研究者社群之中的緣故。

日本企業也應該藉由擴充以優異學生為對象的獎學金制度，以及以社內新進技術者為對象的留學制度，積極派遣員工到海外研究機構留學，讓他們有機會得以更進一步接觸到最新技術，或是加深與研究者社群之間的關係。

可以帶給人類幸福的ＡＩ應用

以往有關革新的討論，都是以研究、開發在企業成長中占有重要地位的製造業為中心來進行。然而，在先進國家中，經濟活動的約八〇%乃是服務領域，而有關服務領域的革新也越來越受人注目。開放式創新的先驅研究者，亨利·伽斯柏（Henry Chesbrough）認為，對完成發展的企業或經濟而言，能夠再進一步邁向繁榮的道路，就在於知識密集型（knowledge-intensive）的服務領域。ＡＩ作為實現知識密集型服務的手段，可說是親和力甚高的技術。

方才曾論及應當著眼於從物聯網所獲得的資料，將製造業所運用的ＡＩ作為日本ＡＩ業務的突破口。若說這是第一階段的對策，那麼，第二階段最有希望投入的，便是服務領域的ＡＩ應用。

就像在四次元企業相關討論中也曾介紹過的，陷進許多的產品都面臨了大宗商品化的問題。而單單只搭載ＡＩ的產品，將很難實現長期的差異化。所以說，以自家公司產品為核心，藉由ＡＩ的應用來擴大服務業務，即為第二階段的具體執行方針。

至於基於相同想法的實例，那就是營建機具廠商小松（Komatsu）。小松使用遙控飛機等進行施工現場的三次元資料化，藉此提供可使營建機具進行半自動作業的「智慧工地工程」（smart construction）服務。後來則藉由ＡＩ的運用，開始推出新的附加服務，提供可讓建設現場的作業效率化的資訊。小松針對包含這項ＡＩ技術在內的次世代技術開發，使用了十五～二〇％的研究開發費，期望能盡快實現由ＡＩ控制的全自動化營建機具。

小松的實例是個很好的範例。但若考量到與他國的差異化，則應以日本獨有的專家知識作為學習資料，實現ＡＩ服務化。隨著ＡＩ的高度化，甚至連以往即便是人類也難以知曉，專家所擁有的內隱知識（tacit knowledge），也得以讓AI加以學習。例如，透過在職訓練（On-the-job training，縮寫為OJT）讓AI學習日本的「待客之道」，便能實現不易被模仿的AI待客服務。

雖說現在的AI應用，尤其是常作為提高生產力或削減成本的實現手法，但筆者認為，能夠帶給人類幸福的AI應用，則具有更大的市場性（marketability）。

AI 人工智慧的
現在・未來進行式

一目了然！最新發展應用實例，6 大核心觀念全面掌握 AI，
生活・商業・經濟・社會大革新！

AI人工知能まるわかり

AI 人工智慧的現在・未來進行式：一目了然！最新發展應用實例，6 大核心觀念全面掌握 AI，生活・商業・經濟・社會大革新！/ 古明地正俊, 長谷佳明作；林仁惠譯. -- 初版. -- 臺北市：遠流, 2018.01
面； 公分
譯自：AI 人工知能まるわかり
ISBN 978-957-32-8183-2(平裝)

1. 人工智慧

312.83　　106022455

國家圖書館出版品預行編目 (CIP) 資料

作　　者　古明地正俊、長谷佳明
譯　　者　林仁惠
執行編輯　鄭智妮
行銷企劃　許凱鈞
內頁設計　賴維明
封面設計　兒日

—

發 行 人　王榮文
出版發行　遠流出版事業股份有限公司
地　　址　臺北市南昌路 2 段 81 號 6 樓
客服電話　02-2392-6899
傳　　真　02-2392-6658
郵　　撥　0189456-1
著作權顧問　蕭雄淋律師

—

2018 年 1 月 25 日　初版一刷
2018 年 4 月 17 日　初版三刷
定　　價　新台幣 280 元　（如有缺頁或破損，請寄回更換）

—

ISBN　978-957-32-8183-2

—

遠流博識網　http://www.ylib.com/　E-mail　ylib@ylib.com

AI JINKOUCHINOU MARUWAKARI